Aladdin and
the magic lamp

Long ago there was a poor boy named Aladdin who lived with his mother. One day when Aladdin was walking on the street, a stranger came up to him and claimed that he was Aladdin's uncle. Aladdin didn't question him and brought him home to his mother and his mother welcomed him.
A few days later, this man told Aladdin he wanted to show him a really wonderful place, so Aladdin followed him out of the city.
But soon Aladdin realized that this man wasn't his uncle, but some wicked wizard. He demanded Aladdin go down a secret passageway to bring back a lamp that he wanted.
"Do not touch the treasure you see in there, but go straight to the lamp," said the wizard. "And take this ring, it will protect you." Aladdin hesitated a bit, but did what he was told.

When he returned, he heard that the wizard was going to secretly kill him. The boy got scared and started to rub his hands and his ring.
All of a sudden, a genie appeared. "What do you wish for, my Master?" asked the genie. Aladdin stuttered and said to the genie, "I just want to go home."
Then, the genie granted his wish and he disappeared. Not surprisingly, Aladdin and his mother began to have a better life because of the magic ring and the lamp.
He also married the Emperor's daughter with the help of the genie.

12.23　艺术纸雕　　　　　　　　　　195页

12.4　制作毛皮特效字　　　　　　　　151页

4.6　选区实例：城市里的鲨鱼　　　　　53页

12.25　破碎的瓷胳膊　　　　　　　　202页

2.7　变换实例：让自然景象更壮观　　　23页

9.6 特效字实例：糖果字 118页

9.5 特效字实例：牛奶字 116页

9.4 路径文字实例：手提袋设计 115页

4.8 通道实例：制作时尚印刷效果 57页

12.20 制作冰手特效 187页

12.17 平面广告设计 178页

12.7 制作激光特效字 158页

3.3 图层实例：制作故障风格海报　　34页

3.11 应用案例：制作双重曝光效果海报　　44页

12.3 制作超炫立体音符　　149页

9.7 特效字实例：饮料杯立体字　　119页

10.3 应用案例：制作蝴蝶飞舞动画 　　　　132 页

6.8 抠图实例：用选择并遮住功能抠人像 　　　　81 页

12.15 环保海报设计 　　　　174 页

3.9 剪贴蒙版实例：沙漠变绿洲 　　　　42 页

6.4 照片处理实例：制作星空人像 　　　　75 页

10.5 课后作业：制作文字变色动画 　　　　135 页

C:100 M:0 Y:0 K:0

C:0 M:0 Y:0 K:100

12.11 标志设计

169页

12.12 名片设计

171页

12.13 应用系统设计

172页

2.11 应用案例：分形艺术　　　　25页

8.6 应用案例：制作手机主屏图标　　　　110页

10.4 应用案例：将照片制作成视频　　　　133页

9.12 应用案例：制作游戏登录界面　　　　126页

8.8 课后作业：制作手机 UI 效果图　　　　111页

3.4 智能对象实例：制作咖啡店海报　　35页

8.5 UI 实例：制作创意巧克力　　108页

9.13 课后作业：变形字　　129页

8.4 特效实例：制作果酱　　107页

12.2 制作搞怪表情涂鸦　　149页

4.9 课后作业：愤怒的小鸟　　57页

12.19 动漫美少女形象设计

182 页

12.10 动画形象设计

166 页

11.4 3D 实例：制作玩具模型

141 页

6.10 应用案例：草莓季欢迎模块设计

84 页

12.1 制作3D西游记角色

148页

12.5 制作金属特效字

154页

12.9 UI设计——爱心厨房ICON

162页

12.6 制作玻璃字

156页

12.16 淘宝全屏海报设计

176页

12.21 制作隐形人特效

190页

9.11 路径与文字实例：创意版面编排　　125页

11.6 应用案例：易拉罐包装设计　　143页

7.5 特效实例：制作钢笔淡彩效果　　93页

3.7 剪贴蒙版实例：制作电影海报　　41页

3.6 矢量蒙版实例：给照片添加唯美相框　　40页

4.5 选区实例：春天的色彩　　51页

7.8 特效实例：流彩凤凰　　98页

2.10 变形实例：内容识别缩放　　25页

12.22 擎天柱重装上阵

193页

11.8 课后作业：使用材
质吸管工具　　147页

11.3 3D实例：编辑3D
模型的材质　　140页

12.24 CG艺术人像　　198页

12.18 插画设计　　180页

2.5 渐变实例：石膏几何体　　　　19页

7.7 特效实例：时尚水晶球　　　　96页

6.9 抠图实例：用通道抠婚纱　　　　83页

7.10 课后作业：制作两种球面全景图　　　　101页

2.4 填充实例：为黑白图像填色　　　　18页

8.7 课后作业：用样式制作金属特效　　　　111页

7.4 特效实例：制作网点效果　　　　93页

5.6 调色实例：用Lab模式调出唯美蓝调与橙调　　　　67页

7.9 课后作业：用"减少杂色"滤镜降噪　　　　101页

11.5　3D 实例：突破屏幕的立体字　　142 页

6.7　抠图实例：用钢笔工具抠陶瓷工艺品　　80 页

12.14　艺术海报设计　　173 页

3.12　课后作业：练瑜伽的汪星人　　45 页

3.10　图层蒙版实例：眼中"盯"　　44 页

4.4　选区实例：手撕字　　50 页

3.8　剪贴蒙版实例：制作公益海报　　42 页

6.11　课后作业：图像合成习作　　87 页

6.5　照片处理实例：通过批处理为照片加 Logo　　76 页

12.8 UI设计——纽扣图标　159页　　　　5.7 调色实例：用动作自动处理照片　68页

7.6 特效实例：在气泡中奔跑　95页　　7.10 课后作业：制作两种球面全景图　101页　　11.7 课后作业：从路径中创建3D模型　146页

5.8 应用案例：用CameraRaw调出梦里水乡　69页　　　　5.9 应用案例：用CameraRaw调出浪漫樱花季　70页

5.4 磨皮实例：缔造完美肌肤　61页　　5.3 修图实例：用液化滤镜修出精致美人　60页

"渐变库"文件夹中提供了500个超酷渐变颜色。

使用"样式库"文件夹中的各种样式,只需轻点鼠标,就可以为对象添加金属、水晶、纹理、浮雕等特效。

| 钻石效果 | 皮质效果 | 石质效果 | 彩色马赛克块效果 | 金属网点效果 | 砖块效果 | 岩石效果 |

"照片处理动作库"文件夹中提供了Lomo风格、宝丽来照片风格、反转负冲效果等动作,可以自动将照片处理为影楼后期的各种效果。

Lomo效果　宝丽来照片效果　反转负冲效果　特殊色彩效果　柔光照效果　灰色淡彩效果　非主流效果

附赠
■■ 矢量形状库
■■ 高清画笔库
■■《Photoshop 外挂滤镜使用手册》《UI 设计配色方案》《网店装修设计配色方案》等10本电子书

"形状库"文件夹中提供了几百种样式的矢量图形。

"画笔库"文件夹中提供了几百种样式的高清画笔。

附赠《Photoshop 内置滤镜使用手册》《Photoshop 外挂滤镜使用手册》《UI 设计配色方案》《网店装修设计配色方案》《常用颜色色谱表》《色彩设计》《图形设计》《创意法则》《CMYK 色谱手册》《色谱表》10本电子书。

"Photoshop 外挂滤镜使用手册"电子书包含KPT7、Eye Candy 4000、Xenofex 等经典外挂滤镜。

以上电子书为pdf格式，需要使用 Adobe Reader 观看。登录 http://get.adobe.com/cn/reader/ 可以下载免费的 Adobe Reader。

平面设计与制作

突破平面

李金蓉 / 编著

Photoshop CC 2018

设计与制作剖析

清华大学出版社

北京

内容简介

    本书是初学者快速学习Photoshop的经典实战教程，书中采用从设计理论到软件讲解、再到实例制作的渐进方式，将Photoshop各项功能与平面设计工作紧密结合。全书实例数量多达93个，其中既有抠图、蒙版、绘画、修图、照片处理、文字、滤镜、动作、3D等Photoshop功能学习型实例；也有VI、UI、封面、海报、包装、插画、动漫、动画、CG等设计项目实战型实例。本书技法全面、实例经典，具有较强的针对性和实用性。读者在动手实践的过程中可以轻松地掌握软件使用技巧，了解设计项目的制作流程，充分体验学习和使用Photoshop的乐趣，真正做到学以致用。

    本书适合广大Photoshop爱好者，以及从事广告设计、平面创意、包装设计、插画设计、UI设计、网页设计和动画设计的人员学习参考，也可作为相关院校和培训机构的教材。

图书在版编目（CIP）数据

突破平面Photoshop CC 2018设计与制作剖析/李金蓉编著. -- 北京：清华大学出版社，2020.3
（平面设计与制作）

ISBN 978-7-302-54395-4

Ⅰ.①突…　Ⅱ.①李…　Ⅲ.①图像处理软件　Ⅳ.①TP391.413

中国版本图书馆CIP数据核字（2019）第264467号

责任编辑： 陈绿春
封面设计： 潘国文
责任校对： 胡伟民
责任印制： 丛怀宇

出版发行： 清华大学出版社
      网　　址： http://www.tup.com.cn，http://www.wqbook.com
      地　　址： 北京清华大学学研大厦A座　　　**邮　　编：** 100084
      社 总 机： 010-62770175　　　　　　　　**邮　　购：** 010-62786544
      投稿与读者服务： 010-62776969，c-service@tup.tsinghua.edu.cn
      质 量 反 馈： 010-62772015，zhiliang@tup.tsinghua.edu.cn
印 装 者： 北京博海升彩色印刷有限公司
经　　销： 全国新华书店
开　　本： 188mm×260mm　　　**印　张：** 13.75　　**插　页：** 8　　　**字　数：** 470千字
版　　次： 2020年5月第1版　　　**印　次：** 2020年5月第1次印刷
定　　价： 69.00元

产品编号：079212-01

PREFACE 前言

笔者非常乐于钻研 Photoshop，它就像是阿拉丁神灯，可以帮助我们实现自己的设计梦想，因而学习和使用 Photoshop 是一件令人愉快的事。

任何一个软件，要想学会并不难，而想要精通，却不容易。对于 Photoshop 也是如此。最有效率的学习方法，一是培养兴趣，二是多多实践。没有兴趣，就无法体验学习的乐趣；没有实践，则不能将所学知识应用于设计工作。

本书力求在一种轻松、快乐的学习氛围中，带领读者逐步深入了解 Photoshop 软件功能，通过实践掌握其在平面设计领域的应用。在内容的安排上，侧重于实用性强的功能；在技术的安排上，深入挖掘 Photoshop 使用技巧，并突出软件功能之间的横向联系，即综合使用多种功能进行平面设计创作的具体方法；在实例的安排上，确保每一个实例不仅有技术含量，有趣味性，还能够与软件功能完美结合，以便使读者的学习过程轻松、愉快、有收获。

本书在每一章的开始部分，首先介绍设计理论，并提供作品欣赏，然后讲解软件功能和实例，章节的结尾布置了课后作业和复习题。本书的实例都是针对软件功能的应用设计实例，读者在动手实践的过程中，可以轻松掌握软件使用技巧，了解设计项目的制作流程。93 个不同类型的设计实例和82 个视频教学录像，能够让读者充分体验 Photoshop 学习和使用乐趣，真正做到学以致用。相信通过本书的学习，大家也能够爱上 Photoshop！

本书的配套资源中包含了案例的素材文件、最终效果文件、课后作业的视频教学录像，并附赠了动作库、画笔库、形状库、渐变库和样式库，以及大量学习资料，包括 Photoshop 内置滤镜使用手册、外挂滤镜使用手册、UI 设计配色方案、网店装修设计配色方案、常用颜色色谱表等 10 本电子书和"多媒体课堂——Photoshop 视频教学 65 例"。本书的配套资源请扫描右侧的二维码进行下载，如果在下载过程中碰到问题，请联系陈老师，联系邮箱：chenlch@tup.tsinghua.edu.cn。

希望本书能帮助您更快地学会使用 Photoshop，同时了解相关平面设计知识。由于作者水平有限，书中难免有疏漏之处。如果您有中肯的意见或者在学习中遇到问题，请与我们联系。

作者
2020 年 1 月

目录　CONTENTS ▶▶▶▶▶▶

第1章 创意设计：初识 Photoshop 2

1.1 创造性思维 2

1.2 **数字化图像基础** 3

　1.2.1 位图与矢量图 3

　1.2.2 像素与分辨率 4

　1.2.3 颜色模式 4

　1.2.4 文件格式 5

1.3 **Photoshop CC 2018新增功能** 5

　1.3.1 高密度显示器支持和缩放比例 ... 5

　1.3.2 选择主体 5

　1.3.3 "画笔"面板的简化管理 5

　1.3.4 画笔工具的平滑设置与对称绘图 ... 6

　1.3.5 弯度钢笔工具 6

　1.3.6 路径选项 6

　1.3.7 可变字体 6

　1.3.8 "学习"面板和富媒体演示 6

　1.3.9 编辑球面全景图 7

　1.3.10 在 Photoshop 中访问 Lightroom 照片 ... 7

　1.3.11 文件共享 7

1.4 **Photoshop CC 2018工作界面** 7

　1.4.1 文档窗口 8

　1.4.2 工具面板 8

　1.4.3 工具选项栏 9

　1.4.4 菜单栏 9

　1.4.5 面板 9

　1.4.6 画板和画板工具 10

1.5 **课后作业：自定义工作区** 11

1.6 **复习题** 11

第2章 构成设计：Photoshop 基本操作 ...12

2.1 **构成设计** 12

　2.1.1 平面构成 12

　2.1.2 色彩构成 13

2.2 **文档的基本操作** 14

　2.2.1 新建文件 14

　2.2.2 打开文件 14

　2.2.3 保存文件 14

　2.2.4 用缩放工具查看图像 14

　2.2.5 用抓手工具查看图像 15

　2.2.6 用导航器面板查看图像 15

　2.2.7 撤销操作 15

　2.2.8 用"历史记录"面板撤销操作 ... 15

2.3 **颜色的设置方法** 16

　2.3.1 前景色与背景色 16

　2.3.2 拾色器 16

　2.3.3 颜色面板 17

　2.3.4 色板面板 17

　2.3.5 渐变颜色 17

2.4 **填充实例：为黑白图像填色** 18

2.5 **渐变实例：石膏几何体** 19

2.6 **图像的变换与变形操作** 21

　2.6.1 移动与复制图像 21

　2.6.2 在文档间移动图像 21

　2.6.3 定界框、中心点和控制点 22

　2.6.4 变换与变形 22

2.7 **变换实例：让自然景象更壮观** 23

2.8 **变形实例：透视变形** 24

2.9 **变形实例：操控变形** 24

2.10 **变形实例：内容识别缩放** 25

2.11 **应用案例：分形艺术** 25

2.12 **课后作业：表现雷达图标的玻璃质感** ... 27

2.13 **复习题** 27

第3章 海报设计：图层与蒙版 28

3.1 **海报设计的常用表现手法** 28

3.2 **图层** 29

　3.2.1 图层的原理 29

　3.2.2 图层面板 30

　3.2.3 新建与复制图层 30

　3.2.4 调整图层堆叠顺序 30

3.2.5　图层的命名与管理 31
3.2.6　显示与隐藏图层 31
3.2.7　合并与删除图层 31
3.2.8　锁定图层 31
3.2.9　图层的不透明度 32
3.2.10　图层的混合模式 32

3.3　图层实例：制作故障风格海报 34
3.4　智能对象实例：制作咖啡店海报 35
3.5　蒙版 37
3.5.1　矢量蒙版 37
3.5.2　剪贴蒙版 37
3.5.3　图层蒙版 38
3.5.4　用画笔工具编辑图层蒙版 38
3.5.5　混合颜色带 39

3.6　矢量蒙版实例：给照片添加唯美相框 40
3.7　剪贴蒙版实例：制作电影海报 41
3.8　剪贴蒙版实例：制作公益海报 42
3.9　剪贴蒙版实例：沙漠变绿洲 42
3.10　图层蒙版实例：眼中"钉" 44
3.11　应用案例：制作双重曝光效果海报 44
3.12　课后作业：练瑜伽的汪星人 45
3.13　复习题 45

第4章　书籍装帧设计：选区与通道 46

4.1　关于书籍装帧设计 46
4.2　创建选区 46
4.2.1　认识选区 46
4.2.2　创建几何形状选区 47
4.2.3　创建非几何形状选区 47
4.2.4　磁性套索工具 47
4.2.5　魔棒工具 48
4.2.6　快速选择工具 49

4.3　编辑选区 49
4.3.1　全选与反选 49
4.3.2　取消选择与重新选择 49

4.3.3　对选区进行运算 49
4.3.4　对选区进行羽化 50
4.3.5　存储与载入选区 50

4.4　选区实例：手撕字 50
4.5　选区实例：春天的色彩 51
4.6　选区实例：城市里的鲨鱼 53
4.7　通道 54
4.7.1　通道的种类 54
4.7.2　通道的基本操作 54
4.7.3　通道与选区的关系 55
4.7.4　通道与色彩的关系 56

4.8　通道实例：制作时尚印刷效果 57
4.9　课后作业：愤怒的小鸟 57
4.10　复习题 57

第5章　摄影后期必修课：修图与调色 .. 58

5.1　关于摄影后期处理 58
5.2　照片修图工具 59
5.2.1　照片修饰工具 59
5.2.2　照片曝光调整工具 60
5.2.3　照片模糊和锐化工具 60

5.3　修图实例：用液化滤镜修出精致美人 60
5.4　磨皮实例：缔造完美肌肤 61
5.5　照片影调和色彩调整工具 63
5.5.1　调色命令与调整图层 63
5.5.2　Photoshop 调色命令分类 64
5.5.3　色阶 64
5.5.4　曲线 65
5.5.5　直方图与照片曝光 66

5.6　调色实例：用 Lab 模式调出唯美蓝调与橙调 .. 67
5.7　调色实例：用动作自动处理照片 68
5.8　应用案例：用 CameraRaw 调出梦里水乡 69
5.9　应用案例：用 CameraRaw 调出浪漫樱花季 ... 70
5.10　课后作业：用消失点滤镜修图 71

5.11 课后作业：通过灰点校正色偏 71
5.12 复习题 71

第6章 网店美工必修课：照片处理与抠图 .. 72

6.1 关于广告摄影 72
6.2 照片处理 72
　6.2.1 裁剪照片 72
　6.2.2 降噪 73
　6.2.3 锐化 73
6.3 照片处理实例：修改像素尺寸 74
6.4 照片处理实例：制作星空人像 75
6.5 照片处理实例：通过批处理为照片加 Logo ... 76
6.6 抠图 77
　6.6.1 Photoshop 抠图工具及特点 77
　6.6.2 Photoshop 抠图插件 78
　6.6.3 解决图像与新背景的融合问题 79
6.7 抠图实例：用钢笔工具抠陶瓷工艺品 80
6.8 抠图实例：用选择并遮住功能抠人像 81
6.9 抠图实例：用通道抠婚纱 83
6.10 应用案例：草莓季欢迎模块设计 84
6.11 课后作业：图像合成习作 87
6.12 复习题 87

第7章 插画设计：滤镜与插件 88

7.1 插画设计 88
7.2 Photoshop 滤镜 89
　7.2.1 滤镜的原理 89
　7.2.2 滤镜的使用规则和技巧 90
　7.2.3 滤镜库 90
　7.2.4 智能滤镜 91
7.3 Photoshop 插件 92
　7.3.1 安装外挂滤镜 92
　7.3.2 外挂滤镜的种类 92

7.4 特效实例：制作网点效果 93
7.5 特效实例：制作钢笔淡彩效果 93
7.6 特效实例：在气泡中奔跑 95
7.7 特效实例：时尚水晶球 96
7.8 特效实例：流彩凤凰 98
7.9 课后作业：用"减少杂色"滤镜降噪 101
7.10 课后作业：制作两种球面全景图 101
7.11 复习题 101

第8章 UI 设计：图层样式与特效 102

8.1 关于 UI 设计 102
8.2 图层样式 103
　8.2.1 添加图层样式 103
　8.2.2 效果概览 103
　8.2.3 编辑图层样式 104
　8.2.4 设置全局光 105
　8.2.5 调整等高线 105
　8.2.6 让效果与图像比例相匹配 106
8.3 使用样式面板 106
　8.3.1 样式面板 106
　8.3.2 载入样式库 106
8.4 特效实例：制作果酱 107
8.5 UI 实例：制作创意巧克力 108
8.6 应用案例：制作手机主屏图标 110
8.7 课后作业：用样式制作金属特效 111
8.8 课后作业：制作手机 UI 效果图 111
8.9 复习题 111

第9章 字体设计：文字与矢量工具 .. 112

9.1 关于字体设计 112
9.2 创建文字 112
　9.2.1 创建点文字 113
　9.2.2 创建段落文字 113

9.2.3 创建路径文字 114

9.3 编辑文字 114

9.3.1 格式化字符 114

9.3.2 格式化段落 115

9.3.3 栅格化文字 115

9.4 路径文字实例：手提袋设计 115

9.5 特效字实例：牛奶字 116

9.6 特效字实例：糖果字 118

9.7 特效字实例：饮料杯立体字 119

9.8 矢量功能 120

9.8.1 绘图模式 120

9.8.2 路径运算 121

9.8.3 路径面板 121

9.9 用钢笔工具绘图 122

9.9.1 了解路径与锚点 122

9.9.2 绘制直线 123

9.9.3 绘制曲线 123

9.9.4 绘制转角曲线 123

9.9.5 编辑路径形状 123

9.9.6 选择锚点和路径 124

9.9.7 路径与选区的转换方法 124

9.10 用形状工具绘图 124

9.10.1 创建基本图形 124

9.10.2 创建自定义形状 125

9.11 路径与文字实例：创意版面编排 125

9.12 应用案例：制作游戏登录界面 126

9.13 课后作业：变形字 129

9.14 复习题 129

第 10 章 卡通和动漫设计：动画与视频 ..130

10.1 关于卡通和动漫 130

10.2 Photoshop 动画与视频功能 130

10.2.1 视频功能概述 131

10.2.2 时间轴面板 131

10.3 应用案例：制作蝴蝶飞舞动画 132

10.4 应用案例：将照片制作成视频 133

10.5 课后作业：制作文字变色动画 135

10.6 课后作业：从视频中获取静帧图像 135

10.7 复习题 135

第 11 章 包装设计：3D 的应用 136

11.1 关于包装设计 136

11.2 3D 功能概述 137

11.2.1 3D 操作界面概览 137

11.2.2 3D 面板 137

11.2.3 调整 3D 模型 138

11.2.4 调整 3D 相机 138

11.2.5 通过 3D 轴调整模型和相机 139

11.2.6 调整点光 139

11.2.7 调整聚光灯 139

11.2.8 调整无限光 140

11.2.9 存储和导出 3D 文件 140

11.3 3D 实例：编辑 3D 模型的材质 140

11.4 3D 实例：制作玩具模型 141

11.5 3D 实例：突破屏幕的立体字 142

11.6 应用案例：易拉罐包装设计 143

11.7 课后作业：从路径中创建 3D 模型 146

11.8 课后作业：使用材质吸管工具 147

11.9 课后作业：拆分 3D 对象 147

11.10 复习题 147

第 12 章 跨界设计：综合实例 148

12.1 制作 3D 西游记角色 148

12.2 制作搞怪表情涂鸦 149

12.3 制作超炫立体音符 149

12.4 制作毛皮特效字 151

12.5 制作金属特效字 154

12.6　制作玻璃字 156

12.7　制作激光特效字 158

12.8　UI 设计——纽扣图标 159

12.9　UI 设计——爱心厨房 ICON ... 162

　　12.9.1　制作蛋白底 162

　　12.9.2　制作心形蛋黄 163

12.10　动画形象设计 166

12.11　标志设计 169

12.12　名片设计 171

12.13　应用系统设计 172

12.14　艺术海报设计 173

12.15　环保海报设计 174

12.16　淘宝全屏海报设计 176

12.17　平面广告设计 178

12.18　插画设计 180

12.19　动漫美少女形象设计 182

　　12.19.1　绘制底色 182

　　12.19.2　绘制眼睛 183

　　12.19.3　绘制嘴和耳朵 184

　　12.19.4　绘制头发 185

12.20　制作冰手特效 187

12.21　制作隐形人特效 190

12.22　擎天柱重装上阵 193

12.23　艺术纸雕 195

　　12.23.1　绘制灯神 195

　　12.23.2　制作层叠纸雕特效 196

　　12.23.3　添加小图形及文字 197

12.24　CG 艺术人像 198

　　12.24.1　面部修饰 198

　　12.24.2　面部贴图 199

　　12.24.3　眼妆与头饰 201

12.25　破碎的瓷胳膊 202

　　12.25.1　修补图像并绘制出瓷器的断面 202

　　12.25.2　深入刻画断面厚度及明暗 203

　　12.25.3　绘制粉尘 204

　　12.25.4　调整画面色彩 204

附录 206

附录 A　Photoshop CC 2018 快捷键速查表 206

附录 B　印刷基本常识 208

附录 C　VI 视觉识别系统手册主要内容 209

附录 D　复习题答案 210

附录 E　常见问题及解答 211

附录 F　推荐阅读 212

随时间之乐起舞
DANCE TO THE MUSIC OF TIME

DANCE TO·THE MUSIC OF· TIME

涵香
加一点天然美味之香，
减一点污染添加之味。

ANNA
MAY 2020

旅行
遇见
更好的自己
灵感DIY
编发指南

白袖
经典
穿得优
活得漂
演绎沙滩
农品拯救
爱不释手宽
健身也有着
复古牛仔
今年
凉鞋配

周刊 定价 28元
ISSN 1000-0000

第1章

初识 Photoshop

创意设计

Photoshop 是当今全球领先的数码影像编辑软件，它第一个版本（1990年2月 Photoshop 1.0 正式推出）至今已经整整30年了。Photoshop 最初是从一个叫作 Display 的程序中改进而来的。1987年秋，美国密歇根大学博士研究生托马斯·洛尔（Thomes Knoll）编写了这个程序，用来在黑白位图显示器上显示灰阶图像。托马斯的哥哥约翰·洛尔（John Knoll）让弟弟编写一个处理数字图像的程序，于是托马斯重新修改了 Display 的代码，并改名为 Photoshop。后来 Adobe 公司买下了 Photoshop 的发行权，Photoshop 便正式成为了 Adobe 软件大家族的成员。

扫描二维码，关注李老师的微博、微信。

1.1 创造性思维

思维是人脑对客观事物本质属性和内在联系的概括和间接反映。以新颖、独特的思维活动揭示事物的本质及内在联系，并指引人去获得新的答案，从而产生前所未有的想法，称为创造性思维。它包含以下几种形式。

（1）多向思维

多向思维也叫发散思维，它表现为思维不受点、线和面的限制，不局限于一种模式。

（2）侧向思维

侧向思维又称旁通思维，它是沿着正向思维旁侧开拓出新思路的一种创造性思维。正向思维遇到问题是从正面去想，而侧向思维则会避开问题的锋芒，在次要的地方做文章。例如，图1-1所示为运用了侧向思维的广告创意（大众原装配件广告）。狐狸积木刚好可以填在鸡形的凹槽里，虽然能安上，但狐狸遇到鸡，必定会将其吃掉。所以，为避免潜在的危险，还是应该用原装配件，毕竟安全第一。

（3）逆向思维

日常生活中，人们往往有一种习惯性思维，即只看事物的一方面，而忽视另一方面。如果逆转一下正常的思路，从反面想问题，便能得出创新性的设想。图1-2所示为 Stena Lines 客运公司广告——父母跟随孩子出游可享受免费待遇。广告运用了逆向思维，将孩子和父母的身份调换，创造出生动、新奇的视觉效果，让人眼前一亮。

图 1-1　　　　　　　　　　　　　　　　图 1-2

（4）联想思维

联想思维是指由某一事物联想到与之相关的其他事物的思维过程。图1-3所示为 wonderbra 内衣广告——专用吸管，超长的吸管让人联想到特制的大号胸衣。图1-4所示为 BIMBO Mizup 方便面广告，顾客看到龙虾自然会联想到方便面的口味。

学习重点　位图与矢量图/P3　文件格式/P5　工具面板/P8
　　　　　像素与分辨率/P4　文档窗口/P8　面板/P9

图1-3

图1-4

1.2 数字化图像基础

在计算机世界里，图像和图形等都是以数字方式记录、处理和存储的。它们分为两大类，一类是位图，另一类是矢量图。

1.2.1 位图与矢量图

位图是由像素组成的，数码相机拍摄的照片、扫描仪扫描的图像等都属于位图。位图的优点是可以精确地表现颜色的细微过渡，也比较容易在各种软件之间交换。缺点是受分辨率的制约，只包含固定数量的像素，在对其缩放或旋转时，Photoshop无法生成新的像素，它只能将原有的像素变大以填充多出来的空间，产生的结果往往会使清晰的图像变得模糊。例如，图1-5所示为一张照片及放大后的局部细节，可以看到，图像已经有些模糊了。此外，位图占用的存储空间也比较大。

矢量图由数学对象定义的直线和曲线构成，因而占的存储空间较小。矢量图与分辨率无关，任意旋转和缩放都会保持清晰、光滑，如图1-6所示。矢量图的这种特点非常适合制作图标、Logo等需要按照不同尺寸使用的对象。

图1-5

图1-6

tip 位图软件主要有Photoshop和Painter；矢量软件主要有Illustrator、CorelDraw和Auto CAD等。

tip Adobe公司是由乔恩·沃诺克和查理斯·格什克于1982年创建的，总部位于美国加州的圣何塞市。其产品遍及图形设计、图像制作、数码视频、电子文档和网页制作等领域。除了大名鼎鼎的Photoshop外，矢量软件Illustrator、动画软件Flash、专业排版软件InDesign、影视编辑及特效制作软件Premiere和After Effects等均出自该公司。

1.2.2 像素与分辨率

　　像素是组成位图图像最基本的元素。每一个像素都有自己的位置，并记载着图像的颜色信息，一个图像包含的像素越多，颜色信息就越丰富，图像效果也会更好，不过文件也会随之增大。

　　分辨率是指单位长度内包含的像素点的数量，它的单位通常为像素/英寸（ppi），如72ppi表示每英寸包含72个像素点，300ppi表示每英寸包含300个像素点。分辨率决定了位图细节的精细程度，通常情况下，分辨率越高，包含的像素就越多，图像就越清晰。图1-7~图1-9所示为相同打印尺寸但不同分辨率的3个图像，可以看到，低分辨率的图像有些模糊，高分辨率的图像十分清晰。

分辨率为72像素/英寸

图 1-7

分辨率为100像素/英寸

图 1-8

分辨率为300像素/英寸

图 1-9

> **tip** 执行"文件"|"新建"命令新建文件时，可以设置分辨率。对于一个现有的文件，则可执行"图像"|"图像大小"命令修改它的分辨率。虽然分辨率越高，图像的质量越好，但这也会增加其占用的存储空间，只有根据图像的用途设置合适的分辨率，才能取得最佳的使用效果。如果图像用于屏幕显示或网络，可以将分辨率设置为72像素/英寸（ppi），这样可以减小文件的大小，提高传输和下载速度；如果图像用于喷墨打印机打印，可以将分辨率设置为100~150像素/英寸（ppi）；如果用于印刷，则应设置为300像素/英寸（ppi）。

1.2.3 颜色模式

　　颜色模式决定了用于显示和打印所处理图像的颜色的方法。在 Photoshop 中打开一个文件，文档窗口的标题栏中会显示图像的颜色模式，如图1-10所示。如果要转换为其他模式，可以打开"图像"|"模式"下拉菜单，选择一种模式，如图1-11所示。

图 1-10　　　　　图 1-11

颜色模式	具体描述
位图	只有纯黑和纯白两种颜色,适合制作艺术样式或用于创作单色图形
灰度	只有256级灰度颜色,没有彩色信息
双色调	采用一组曲线来设置各种颜色的油墨,可以得到比单一通道更多的色调层次,能在打印中表现更多的细节
索引颜色	使用256种或更少的颜色替代全彩图像中上百万种颜色的过程叫作索引。Photoshop会构建一个颜色查找表(CLUT),存放图像中的颜色。如果原图像中的某种颜色没有出现在该表中,则程序会选取最接近的一种来模拟该颜色
RGB颜色	由红(Red)、绿(Green)和蓝(Blue)3个基本颜色组成,每种颜色都有256种不同的亮度值,因此,可以产生约1670余万种颜色(256×256×256)。RGB模式主要用于屏幕显示,如电视、计算机显示器等都采用该模式
CMYK颜色	由青(Cyan)、品红(Magenta)、黄(Yellow)和黑(Black)4种基本颜色组成,是一种印刷模式,被广泛应用在印刷的分色处理上
Lab颜色	Lab模式是Photoshop进行颜色模式转换时使用的中间模式。例如,将RGB图像转换为CMYK模式时,Photoshop会先将其转换为Lab模式,再由Lab转换为CMYK模式
多通道	一种减色模式,将RGB图像转换为该模式后,可以得到青色、洋红和黄色通道

1.2.4 文件格式

文件格式决定了图像数据的存储方式（作为像素还是矢量）、压缩方法、支持什么样的 Photoshop 功能，以及文件是否与一些应用程序兼容。使用"文件"|"存储"或"文件"|"存储为"命令保存图像时，可以打开"存储为"对话框选择文件格式，如图 1-12 所示。

图 1-12

PSD 是 Photoshop 默认的文件格式，它可以保留文档中的图层、蒙版、文字和通道等所有内容，编辑图像之后，如果尚未完成工作或还有待修改，则应保存为 PSD 格式，以便以后可以随时修改。此外，矢量软件 Illustrator 和排版软件 InDesign 也支持 PSD 文件，这意味着一个透明背景的 PSD 文档置入这两个程序之后，背景仍然是透明的。JPEG 格式是众多数码相机默认的格式，如果要将照片或者图像文件打印输出，或者通过 E-mail 传送，应采用该格式保存。如果图像用于 Web，可以选择 JPEG 或者 GIF 格式。如果要为那些没有 Photoshop 的人选择一种可以阅读的文件格式，不妨使用 PDF 格式保存文件，借助于免费的 Adobe Reader 软件即可显示图像，还可以向文件中添加注释。

> **tip** 保存文件有两个要点。第一是把握好时间，可以在图像编辑的初始阶段就保存文件，文件格式可选择 PSD 格式；编辑过程中，还应适时地按快捷键（Ctrl+S）将图像的最新效果存储起来。最好不要等到完成所有的编辑以后再存储，以防死机造成文件丢失。

1.3 Photoshop CC 2018 新增功能

Adobe 公司的 Photoshop CC 2018 版包含令数字摄影师和设计人员兴奋无比的新增功能，包括高密度显示器支持、抠图、"画笔"面板管理、访问所有同步的 Lightroom 照片和共享文件等。

1.3.1 高密度显示器支持和缩放比例

在 Windows10 Creators Update 和更高版本中，Photoshop 为 UI 缩放提供了全方位的选择，即以 25% 为增量，从 100% 到 400% 进行缩放。无论显示器像素密度如何，这种增强功能都能让 Photoshop 用户界面看起来更加清晰锐利。此外，Adobe 还与 Microsoft 密切合作，针对不同的显示器提供缩放，可确保高分辨率 (HiDPI) 笔记本电脑与低分辨率桌面显示器之间无缝协作。

1.3.2 选择主体

"选择主体"功能可选择图像中最突出的主体，能够自动识别多种对象，包括人物、动物、车辆、玩具等。打开一幅图像，如图 1-13 所示，执行"选择"|"主体"命令，可以自动将人物选中，如图 1-14 所示。在使用快速选择或魔棒工具时，工具选项栏中的"选择主体"按钮也具备相同的作用。

图 1-13

图 1-14

1.3.3 "画笔"面板的简化管理

"画笔"面板本身有了许多体验性的改进，在"画笔"面板菜单中，可以轻松切换不同的视图，来查看画笔名称、画笔描边预览和画笔笔尖形状，如图 1-15 所示。调整缩放滑块，可以在面板中显示更多画笔，如图 1-16 所示。拖放画笔预设，还可以对画笔进行重新排序，如图 1-17 所示。文件夹可以折叠或展开，以查看所需的画笔，如图 1-18 所示。

图 1-15　　　　　　　　图 1-16

图 1-17　　　　　　　　图 1-18

1.3.4　画笔工具的平滑设置与对称绘图

在使用画笔、铅笔、混合器画笔或橡皮擦工具时，只要在工具选项栏中输入平滑数值，然后单击 ✿. 按钮，就可以在打开的下拉面板中选择相应的平滑选项，使画笔带有智能平滑效果，如图 1-19 所示。数值为 0 时效果等同于 Photoshop 早期版本中的旧版平滑，如图 1-20 所示。数值越高，智能平滑程度就越大，如图 1-21 所示。

图 1-19　　　　　图 1-20　　　　　图 1-21

在使用画笔工具时，单击工具选项栏中的 图标，选择一种对称方式，如图 1-22 所示。在打开的对话框中设置"段计数"，如图 1-23 所示。画面中会显示一个带有定界框的路径，如图 1-24 所示。可根据需要调整路径大小，按 Enter 键确定以后，就可以涂手绘制图案了，如图 1-25 所示。铅笔和橡皮擦工具也具备该功能。

图 1-23

图 1-22　　　　　图 1-24　　　　　图 1-25

1.3.5　弯度钢笔工具

弯度钢笔工具 ⌒ 可以更为轻松地绘制平滑曲线和直线段，方便快捷地在设计中创建自定义形状，或定义精确的路径。在执行该操作时，无须切换工具，就能创建、编辑、添加或删除平滑点和角点。

1.3.6　路径选项

可以通过"路径选项"定义路径的颜色和粗细，使其符合绘图需要，且更加清晰可见。创建路径时，单击工具选项栏中的 ✿. 图标，在打开的下拉面板中进行设置，如图 1-26、图 1-27 所示。

图 1-26　　　　　　　　图 1-27

1.3.7　可变字体

Photoshop CC 2018 支持可变字体，这是一种新的 OpenType 字体格式，通过"属性"面板可定义直线长度、宽度、倾斜度、视觉大小等参数，如图 1-28、图 1-29 所示。Photoshop 附带几种可变字体，选择文字工具后，在工具选项栏的"字体"下拉列表中，名称右侧带有 图标的为可变字体。

图 1-28　　　　　　　　图 1-29

1.3.8　"学习"面板和富媒体演示

执行"窗口"|"学习"命令，打开"学习"面板，面板中设有学习项目，并且可以在 Photoshop 中打开练习素材，按照"学习"面板中的提示和要求去做，就可以一步一步地完成实例，如图 1-30、图 1-31 所示。

图 1-30

图 1-31

将光标放在"工具"面板中某些工具的上方，会显示该工具的描述和简短视频，演示其使用方法，如图1-32、图1-33所示。如果不想查看富媒体演示，可以执行"编辑"|"首选项"|"工具"命令，取消对"使用富媒体工具提示"选项的勾选。

图 1-32

图 1-33

1.3.9 编辑球面全景图

可以在 Photoshop 中编辑使用不同相机拍摄的等距长方投影球面全景图。在导入全景图资源并选择其图层后，执行"3D"|"球面全景"|"通过选中的图层新建全景图图层"命令，调用全景图查看器。也可以通过执行"3D"|"球面全景"|"导入全景图"命令，将球面全景图直接载入查看器。

1.3.10 在 Photoshop 中访问 Lightroom 照片

可以直接从 Photoshop 的"开始"工作区中访问所有同步的 Lightroom 照片。如果在 Photoshop 运行时，从任何 Lightroom 应用程序中对照片或相册进行了更改，可单击"刷新"按钮以查看所做的更改。单击"查看更多"按钮，可查看按日期组织并以网格形式呈现的所有照片。除了"开始"工作区之外，还可以使用应用程序内置的搜索命令，在 Photoshop 中查找、过滤、排序和导入 Lightroom 照片。

1.3.11 文件共享

在 Photoshop 中，执行"文件"|"共享"命令，可以直接从 Photoshop 内将作品通过电子邮件发送或共享到多个应用。在通过电子邮件共享文档时，Photoshop 将发出一个原始文档（.psd 文件）。对于某些特定服务和社交媒体渠道，在共享之前，Photoshop 会将文档自动转换为 JPEG 格式。

1.4 Photoshop CC 2018 工作界面

在"开始"工作区中打开或新建文件以后，便可进入 Photoshop CC 2018 工作界面。它要比一般的软件程序复杂些，除具备基本的菜单和"工具"面板外，还包括图像编辑区（文档窗口）、选项卡和面板，如图1-34所示。

tip Photoshop CC 2018默认的工作界面是黑色的。如果要进行颜色处理，最好还是使用灰色界面，因为灰色对图像色彩的干扰最小，不会影响判断，这样我们才能更加准确地观察色彩和进行调色操作。界面颜色切换的快捷键是Alt+Shift+F2（由深到浅）和Alt+Shift+F1（由浅到深），从黑到浅灰分为4级，每个快捷键可按3次。

图 1-34

1.4.1 文档窗口

文档窗口是编辑图像的区域。在 Photoshop 中打开一个图像时，会创建一个文档窗口。如果打开了多个图像，则它们会停放到选项卡中，单击一个文档的名称，即可将其设置为当前操作的窗口，如图 1-35 所示。按 Ctrl+Tab 快捷键可按照顺序切换各个窗口。

如果觉得图像固定在选项卡中不方便操作，可以将光标放在一个窗口的标题栏上，单击并将其从选项卡中拖出，它就会成为可以任意移动位置的浮动窗口，如图 1-36 所示。

浮动窗口与浏览网页时打开的窗口没什么区别，可以最大化、最小化或移动到任何位置，而且，还可以

将它重新拖回选项卡中。单击一个窗口右上角的 ✕ 按钮，可以关闭该窗口。如果要关闭所有窗口，可在一个文档的标题栏上单击鼠标右键，打开菜单，选择"关闭全部"命令。

图 1-35   图 1-36

1.4.2 工具面板

Photoshop 的工具面板中包含了用于创建和编辑图像、图稿、页面元素的工具和按钮，如图 1-37 所示。这些工具分为 7 组，如图 1-38 所示。单击工具面板顶部的三角按钮 ▶▶，可以将工具面板切换为单排（或双排）显示。单排工具面板可以为文档窗口让出更多的空间。

单击工具面板中的一个工具，即可选择该工具，如图 1-39 所示。右下角带有三角形图标的工具表示这是一个工具组，在这样的工具上单击并按住鼠标按钮会显示隐藏的工具，如图 1-40 所示，将光标移至隐藏的工具上然后放开鼠标，即可选择该工具，如图 1-41 所示。将光标移动到工具上并停放片刻，可显示工具名称、快捷键、工具的描述和简短视频，如图 1-42 所示。

图 1-37   图 1-38

图 1-39   图 1-40   图 1-41   图 1-42

tip 按Tab键，可以隐藏工具面板、工具选项栏和所有面板；按Shift+Tab快捷键可以隐藏面板，但保留工具面板和工具选项栏。再次按下相应的按键，可以重新显示被隐藏的内容。按Shift+工具快捷键，可在一组隐藏的工具中循环选择各个工具。如果要查看快捷键，可以将光标放在一个工具上停留片刻，就会显示提示信息。

1.4.3 工具选项栏

选择一个工具后，可以在工具选项栏中设置它的各种属性。例如，图1-43所示为选择渐变工具 ■ 时显示的选项。单击 ∨ 按钮，可以打开一个下拉菜单，如图1-44所示。在文本框中单击，然后输入新数值并按Enter键，即可调整数值。如果文本框旁边有 ∨ 状按钮，则单击该按钮，可以显示一个弹出滑块，拖动滑块也可以调整数值，如图1-45所示。

图 1-43

图 1-44   图 1-45

1.4.4 菜单栏

Photoshop用11个主菜单将各种命令分为11类，例如，"文件"菜单中包含的是与设置文件有关的各种命令，"滤镜"菜单中包含的是各种滤镜。单击一个菜单的名称，即可打开该菜单。带有黑色三角标记的命令表示还包含子菜单，如图1-46所示。如果一个命令显示为灰色，就表示它们在当前状态下不能使用。例如，没有创建选区时，"选择"菜单中的多数命令都不能使用。如果一个命令右侧有"…"状符号，则表示执行该命令时会弹出一个对话框。

图 1-46

选择一个命令即可执行该命令。如果命令后面有快捷键，则可以通过按快捷键的方式来执行命令。例如，按Ctrl+A快捷键可以执行"选择"|"全部"命令，如图1-47所示。有些命令只提供了字母，要通过快捷方式执行这样的命令，可按Alt键+主菜单的字母，打开主菜单，再按命令后面的字母，执行该命令。例如，按Alt+L+D快捷键可以执行"图层"|"复制图层"命令，如图1-48所示。

图 1-47   图 1-48

在文档窗口的空白处、在对象上或在面板上单击鼠标右键，可以显示快捷菜单，如图1-49、图1-50所示。

图 1-49   图 1-50

1.4.5 面板

面板用于配合编辑图像、设置工具参数和选项。Photoshop提供了20多个面板，在"窗口"菜单中可以选择需要的面板将其打开。默认情况下，面板以选项卡的形式成组出现，并停靠在窗口右侧，如图1-51所示。用户可根据需要打开、关闭或是自由组合面板。例如，单击一个面板的名称，即可显示面板中的选项，如图1-52所示。单击面板组右上角的三角按钮 ◀◀，可以将面板折叠为图标状，如图1-53所示。单击一个图标可以展开相应的面板，再次单击，可将其关闭。

图 1-51 　　　　　图 1-52 　　　　　图 1-53

拖动面板左侧边界可以调整面板组的宽度，让面板的名称显示出来，如图 1-54 所示。将光标放在面板的标题栏上，单击并向上或向下拖动，则可重新排列面板的组合顺序，如图 1-55 所示。如果向文档窗口中拖动，则可以将其从面板组中分离出来，使之成为可以放在任意位置的浮动面板，如图 1-56 所示。

图 1-54 　　图 1-55 　　图 1-56

单击面板右上角的 ▤ 按钮，可以打开面板菜单，如图 1-57 所示。菜单中包含了与当前面板有关的各种命令。在一个面板的标题栏上单击鼠标右键，可以显示快捷菜单，如图 1-58 所示，选择"关闭"命令，可以关闭该面板。

图 1-57 　　　　　　　图 1-58

1.4.6　画板和画板工具

Web 和 UI 设计人员需要设计适合多种设备的网站或应用程序。画板可以帮助用户简化设计过程，它提供了一个无限画布，该画布的布置适合不同设备和屏幕的设计。

进行网页设计、UI 设计或为移动设备设计用户界面时，往往需要提供多种方案，或者要为不同的显示器或移动设备提供不同尺寸的设计图稿。而在 Photoshop 的文档窗口中，只有画布这一块区域用于显示和编辑图像，如图 1-59 所示，位于画布之外，即暂存区域上的图像，不仅不能显示和打印，将文件存储为不支持图层的格式时（如 JPEG），还会被删除。这就造成一个文件只适合制作和展示一个图稿。而使用画板则可以轻松突破这种限制，如图 1-60 所示。

灰色是暂存区　　　画板1　　　　画板2

图 1-59 　　　　　　　图 1-60

如果要创建画板文档，可以执行"文件"|"新建"命令，打开"新建文档"对话框，设置文件大小后，选取"画板"选项，单击"创建"按钮即可，如图 1-61、图 1-62 所示。画板是一种特殊类型的图层组。它可以将任何所含元素的内容剪切到其边界中。画板中元素的层次结构显示在"图层"面板中，其中还有图层和图层组，如图 1-63 所示。

图 1-61 　　　　　图 1-62 　　　　　图 1-63

如果要创建多个画板，可以使用画板工具 ▣ 在文档窗口单击，并拖动鼠标绘制画板，如图 1-64 所示。拖动画板周围定界框上的控制点，可以调整画板大小，如图 1-65 所示。在工具选项栏中还可以选择预设的画板尺寸，或输入数值自定义画板大小。

tip 要删除一个画板，可在"图层"面板中单击它，然后按 Delete 键。双击"图层"面板中的画板名称，并输入新名称，可重命名画板。

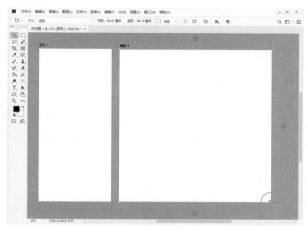

图1-64   图1-65

1.5 课后作业：自定义工作区

本章学习了Photoshop基本使用方法。下面通过课后作业来强化学习效果。如果有不理解的地方，请看一下视频教学录像。

在Photoshop的界面中，只有菜单是固定不动的，文档窗口、面板、工具选项栏都可以移动位置和关闭。如果我们按照自己的习惯修改了快捷键，或者重新配置了面板位置，最好将其保存为自定义的工作区，这样就可以创建一个能够满足我们个性化需求、适合自己操作的工作空间。下面就以面板配置和摆放为例，介绍自定义工作区的创建方法。

配置常用面板组

执行"窗口"|"工作区"|"新建工作区"命令，在打开的对话框中输入工作区的名称，单击"存储"按钮关闭对话框，完成工作区的创建。打开 "窗口"|"工作区"下拉菜单，可以看到，自定义的工作区在菜单顶部，选择它，即可切换为该工作区。

如果要删除自定义的工作区，可以在"窗口"|"工作区"下拉菜单中选择"删除工作区"命令。如果要恢复为默认的工作区，可以选择"基本功能（默认）"命令。

为工作区命名

在菜单中找到自定义工作区

1.6 复习题

1. 描述矢量图与位图的特点及主要用途。

2. 哪种颜色模式用于手机、电视和计算机屏幕？哪种模式用于印刷？

3. Photoshop默认的文件格式是什么？

本章介绍 Photoshop 文档编辑、图稿查看、颜色设置和图像变换等基本操作方法。其中，颜色设置与很多功能有关联，如使用画笔、渐变和文字等工具，以及进行填充、描边选区、修改蒙版和修饰图像等操作时，都需要设置颜色。变换和变形操作也可以编辑很多对象，包括图像、图层、图层蒙版、选区、路径、矢量形状、矢量蒙版和 Alpha 通道等。

扫描二维码，关注李老师的微博、微信。

2.1 构成设计

构成是指将不同形态的两个以上的单元重新综合成为一个新的单元，并赋予其视觉化的概念。

2.1.1 平面构成

平面构成是视觉元素在二次元的平面上按照美的视觉效果和力学的原理进行编排与组合。点、线、面是平面构成的主要元素。点是最小的形象组成元素，任何物体缩小到一定程度，都会变成不同形态的点，当画面中有一个点时，这个点会成为视觉的中心，如图 2-1 所示；当画面上有大小不同的点时，人们首先注意的是大的点，而后视线会移向小的点，从而产生视觉的流动，如图 2-2 所示；当多个点同时存在时，会产生连续的视觉效果。

宜家鞋柜广告：节省更多的空间　　Spoleto 酒店：性感美女从天而降
图 2-1　　　　　　　　　　　　图 2-2

线是点移动的轨迹，如图 2-3 所示，线的连续移动形成面，如图 2-4 所示。不同的线和面具有不同的情感特征，如水平线给人以平和、安静的感觉，斜线代表了动力和惊险；规则的面给人以简洁、秩序的感觉，不规则的面会产生活泼、生动的感觉。

图 2-3　　　　　　　　　　　　图 2-4

学习重点　用"历史记录"面板撤销操作/P15　　　渐变颜色/P17　　　　定界框、中心点和控制点/P22
　　　　　　前景色与背景色/P16　　　　　　　　移动与复制图像/P21　　分形艺术/P25

2.1.2　色彩构成

　　色彩构成是从人对色彩的知觉和心理效果出发，用科学分析的方法，把复杂的色彩现象还原为基本要素，利用色彩在空间、量与质上的可变幻性，按照一定的规律去组合各构成之间的相互关系，再创造出新的色彩效果的过程。

　　当两种或多种颜色并置时，因其性质等的不同而呈现出的色彩差别现象称为色彩对比。它包括明度对比、纯度对比、色相对比和面积对比几种方式。图2-5~ 图2-8所示为色相对比的具体表现。

同类色对比

图2-5

邻近色对比

图2-6

对比色对比

图2-7

互补色对比

图2-8

　　当两种或多种颜色秩序而协调地组合在一起，使人产生愉悦、舒适感觉的色彩搭配关系时，称为色彩调和。色彩调和的常见方法，是选定一组邻近色或同类色，通过调整纯度和明度来协调色彩效果，保持画面的秩序感、条理性，如图2-9~ 图2-11所示。

AT&T广告（面积调和）　　　　维尔纽斯国际电影节海报（明度调和）

图2-9　　　　　　　　　　　图2-10

澳柯玛电风扇海报（色相调和）

图2-11

2.2 文档的基本操作

Photoshop 文档的基本操作方法包括新建、打开、保存和恢复文档，以及查看文档窗口中的图像。

2.2.1 新建文件

执行"文件"|"新建"命令，或按 Ctrl+N 快捷键可创建空白文档。执行该命令会打开"新建文档"对话框，最上方是 6 个选项卡，包括"照片""打印""图稿和插图""Web""移动设备""胶片和视频"，如图 2-12 所示，基本涵盖了各种设计工作所需要的文件项目。要创建哪种类型的文件，就单击相应的选项卡，然后在其下方选择一个预设（单击"查看全部预设信息 +"文字，可以显示此类文件的所有预设），之后单击"创建"按钮，即可基于预设创建一个文件。

图 2-12

2.2.2 打开文件

如果要打开一个现有的文件，对其进行编辑，可以执行"文件"|"打开"命令，或按 Ctrl+O 快捷键，弹出"打开"对话框，选择一个文件（按住 Ctrl 键单击，可选择多个文件），如图 2-13 所示，单击"打开"按钮即可将其打开。此外，在没有运行 Photoshop 的情况下，只要将一个图像文件拖到桌面的 Photoshop 应用程序图标 Ps 上，即可运行 Photoshop，并打开该文件。如果运行了 Photoshop，则在 Windows 资源管理器中找到图像文件后，将它拖动到 Photoshop 窗口中，便可将其打开。

图 2-13

2.2.3 保存文件

图像的编辑是一项颇费时间的工作，为了不因断电或计算机死机等造成劳动成果付之东流，就需要养成及时保存文件的习惯。如果是一个新建的文档，可以执行"文件"|"存储"命令，在弹出的"另存为"对话框中为文件输入名称，选择保存位置，如图 2-14 所示，在"保存类型"下拉列表中选择文件格式，如图 2-15 所示，然后单击"保存"按钮进行保存。如果是打开的一个现有的文件，则编辑过程中可以随时执行"文件"|"存储"命令（快捷键为 Ctrl+S），保存当前所做的修改，文件会以原有的格式存储。

这两处都可以选择文件夹

图 2-14

图 2-15

tip 如果要将当前文件保存为另外的名称和其他格式，或者存储在其他位置，可以执行"文件"|"存储为"命令将文件另存。

2.2.4 用缩放工具查看图像

打开一个文件，如图 2-16 所示。选择缩放工具 ，将光标放在画面中（光标会变为 状），单击可以放大窗口的显示比例，如图 2-17 所示。按住 Alt 键（光标会变为 状）单击，可缩小窗口的显示比例，如图 2-18 所示。单击并按住鼠标按键向左、右滑动，可以快速缩放文档；在一个位置单击并按住鼠标按键，可以动态放大文档。

图2-16　　　　　图2-17　　　　　图2-18

2.2.5　用抓手工具查看图像

放大窗口后，窗口中不能显示完整的图像，如图2-19所示，使用抓手工具 🖐 在窗口单击并拖动鼠标，可以移动画面，让不同区域显示在画面的中心，如图2-20所示。使用抓手工具 🖐 时，按住Ctrl键单击并向右侧拖动鼠标，可以放大窗口，向左侧拖动鼠标则可缩小窗口。

图2-19　　　　　　　　图2-20

tip 按住Ctrl键，再连续按+键，可以放大窗口；按住空格键（切换为抓手工具 🖐 ），拖动鼠标可以移动画面；按住Ctrl键，再连续按−键，可以缩小窗口。此外，如果想要让图像满屏显示，可以双击抓手工具 🖐 （快捷键为Ctrl+0）；如果想要让图像以100%的实际比例显示，可以双击缩放工具 🔍 （快捷键为Ctrl+1）。

2.2.6　用导航器面板查看图像

放大窗口的显示比例后，只能看到图像的细节。"导航器"面板提供了完整的图像缩览图，如图2-21所示。将光标放在缩览图上，单击并拖动鼠标，可以快速移动画面，将红色矩形框内的图像定位在文档窗口的中心，如图2-22所示。

图2-21

图2-22

2.2.7　撤销操作

编辑图像的过程中，如果操作出现失误，或对当前的效果不满意，需要返回到上一步编辑状态，可以执行"编辑"|"还原"命令，或按Ctrl+Z快捷键，连续按Alt+Ctrl+Z快捷键，可依次向前还原。如果要恢复被撤销的操作，可以执行"编辑"|"前进一步"命令，或者连续按Shift+Ctrl+Z快捷键。如果想要将图像恢复到最后一次保存时的状态，可以执行"文件"|"恢复"命令。

2.2.8　用"历史记录"面板撤销操作

编辑图像时，每进行一步操作，Photoshop都会将其记录到"历史记录"面板中，如图2-23所示，单击面板中一个操作步骤的名称，即可将图像还原到该步骤所记录的状态中，如图2-24所示。该面板顶部有一个图像缩览图，那是打开图像时，Photoshop为其创建的快照，单击它可以撤销所有操作，图像会恢复到打开时的状态。

图2-23　　　　　　　　图2-24

tip 如果要增加"历史记录"面板记录的数量，可以执行"编辑"|"首选项"|"性能"命令，打开"首选项"对话框，在"历史记录状态"选项中设定。需要注意的是，历史记录数量越多，占用的内存就越多。

2.3 颜色的设置方法

使用画笔、渐变和文字等工具，以及进行填充、描边选区、修改蒙版和修饰图像等操作时，需要指定颜色。Photoshop 提供了非常出色的颜色选择工具，可以帮助用户找到需要的任何颜色。

2.3.1 前景色与背景色

工具面板底部包含了一组前景色和背景色设置选项，如图 2-25 所示。前景色决定了使用绘画工具（画笔和铅笔）绘制线条，以及使用文字工具创建文字时的颜色。背景色决定了使用橡皮擦工具擦除背景时呈现的颜色。此外，在增加画布的大小时，新增的画布也以背景色填充。单击 ⇆ 状图标（或按 X 键）可以切换前景色和背景色，如图 2-26 所示。单击 ▣ 状图标（或按 D 键），可将前景色和背景色恢复为默认颜色（前景色为黑色，背景色为白色）。

图 2-25　　　　　　　　　　　　图 2-26

2.3.2 拾色器

要调整前景色时，可单击前景色图标，如图 2-27 所示；要调整背景色，则单击背景色图标，如图 2-28 所示。单击这两个图标以后，都会弹出"拾色器"，如图 2-29 所示，此时便可设置颜色。

图 2-27　　　图 2-28

图 2-29

在竖直的渐变颜色条上单击选择一个颜色范围，然后在色域中单击可调整颜色的深浅（单击后可以拖动鼠标），如图 2-30 所示。如果要调整颜色的饱和度，

可点选"S"单选按钮，然后再进行调整，如图 2-31 所示；如果要调整颜色的亮度，可点选"B"单选按钮，然后进行调整，如图 2-32 所示。

图 2-30

图 2-31

图 2-32

> **tip** 当图像为 RGB 颜色模式时，如果"拾色器"或"颜色"面板中出现溢色警告图标 ⚠，就表示当前的颜色超出了 CMYK 颜色范围，不能被准确打印，单击警告图标下面的颜色块，可将颜色替换为 Photoshop 给出的校正颜色（CMYK 色域范围内的颜色）。如果出现了非 Web 安全色警告图标 ⬡，则表示当前颜色超出了 Web 颜色范围，不能在网上正确显示，单击它下面的颜色块，可将其替换为 Photoshop 给出的最为接近的 Web 安全颜色。

2.3.3 颜色面板

在"颜色"面板中，可以利用几种不同的颜色模式来编辑前景色和背景色，屏幕显示可以选择RGB滑块，如图2-33所示，在"颜色"面板菜单中有"灰度滑块""HSB滑块""CMYK滑块""Lab滑块"等，基于这几种颜色模型调配颜色，用于印刷可以选择CMYK滑块，用于网页设计可以选择Web颜色滑块。默认情况下，前景色处于当前编辑状态，此时拖动滑块或输入颜色值，即可调整前景色，如图2-34所示；如果要调整背景色，则单击背景色颜色框，将它设置为当前状态，然后再进行操作，如图2-35所示。也可以从面板底部的四色曲线图色谱中拾取前景色或背景色。

最近使用的颜色

将"色板"面板恢复为默认状态
载入外部色板库
保存当前色板
载入的色板库
色板库

图2-36

图2-33

图2-34   图2-35

2.3.4 色板面板

"色板"面板中提供了预先设置好的颜色样本，单击其中的颜色，即可将其设置为前景色，按住Ctrl键单击，则可将其设置为背景色。执行面板菜单中的命令，还可以打开不同的色板库，如图2-36所示。

tip 在"拾色器"或"颜色"面板中调整前景色以后，单击"色板"面板中的"创建新色板"按钮 🖿 ，可以将颜色保存到"色板"面板中。将"色板"面板中的某一色样拖至"删除"按钮 🗑 上，可将其删除。

2.3.5 渐变颜色

（1）渐变的类型

渐变是不同颜色之间逐渐混合的一种特殊的填色效果，可用于填充图像、蒙版和通道等。Photoshop提供了5种类型的渐变，如图2-37所示。

线性渐变 ▦   径向渐变 ▦   角度渐变 ▦

对称渐变 ▦   菱形渐变 ▦

图2-37

（2）使用预设的渐变颜色

要创建渐变，可以选择渐变工具 ▦ ，在工具选项栏中选择一种渐变类型，然后在"渐变"下拉面板中选择一个预设的渐变样本，在画面中单击并拖动鼠标，即可填充渐变，如图2-38所示。

单击可打开"渐变预设"下拉面板   可保留渐变颜色的透明区域
单击可打开   用较小的带宽创建较平滑的混合
渐变编辑器   渐变的类型   可反转渐变填充中的颜色顺序

渐变样本
"渐变预设"下拉面板   起点   鼠标拖动的方向   终点

图2-38

（3）自定义渐变颜色

如果要自定义渐变颜色，可以单击工具选项栏中的渐变颜色条，打开"渐变编辑器"进行调整，如图2-39所示。单击一个色标可将其选择。选择色标后，单击"颜色"选项中的颜色块，可以打开"拾色器"调整颜色，如图2-40所示；单击并拖动色标，即可将其移动，如图2-41所示；在渐变条下方单击可以添加色标，如图2-42所示；将一个色标拖动到渐变颜色条外，可以删除该色标。

图2-39

图2-40

图2-41

图2-42

选择渐变条上方的不透明度色标后，可以在"不透明度"选项中设置它的透明度，渐变色条中的棋盘格代表了透明区域，如图2-43所示。如果在"渐变类型"下拉列表中选择"杂色"选项，然后增加"粗糙度"，则可生成杂色渐变，如图2-44所示。

图2-43

图2-44

> **tip** 每两个色标中间都有一个菱形滑块，拖动它，可以控制该点两侧颜色的混合位置。

2.4 填充实例：为黑白图像填色

01 打开素材，如图2-45所示。按F7快捷键打开"图层"面板，单击面板底部的 按钮，新建一个图层，如图2-46所示。

02 选择油漆桶工具 ，在工具选项栏中将"填充"设置为"前景"，"容差"设置为32，分别勾选"消除锯齿""连续的"和"所有图层"复选项，如图2-47所示。

图2-47

03 在"色板"中拾取红色作为前景色，如图2-48所示。在人物的脸和衣服上单击，填充红色，如图2-49所示。在"颜色"面板中将前景色调为深红色，如图2-50所示，为脸和衣服的暗面着色，如图2-51所示。采用相同的方法调整前景色，然后为人物的其他部分填色，如图2-52、图2-53所示。

图2-45

图2-46

图 2-48　　　　　　　　　图 2-49

图 2-50　　　　　　　　　图 2-51

图 2-52　　　　　　　　　图 2-53

04 在工具选项栏中选择"图案"，单击·按钮打开"图案"下拉面板，选择"鱼眼棋盘"图案，设置不透明度为15%，如图2-54所示，在蓝色背景上单击，填充图案，如图2-55所示。

图 2-54　　　　　　　　　图 2-55

05 在"图层1"前面的眼睛图标 ◉ 上单击，将线描图隐藏，如图2-56、图2-57所示。

图 2-56　　　　　　　　　图 2-57

tip 按Alt+Delete快捷键可以填充前景色；按Ctrl+Delete快捷键可以填充背景色。

2.5 渐变实例：石膏几何体

01 按Ctrl+N快捷键，打开"新建文档"对话框，创建一个A4大小的文档，如图2-58所示。选择渐变工具 ▣ ，单击工具选项栏中的渐变颜色条，打开"渐变编辑器"，调出深灰到浅灰色渐变。在画面顶部单击，然后按住Shift键（可以锁定垂直方向）向下拖动鼠标，填充线性渐变，如图2-59所示。

图 2-58　　　　　　　　　图 2-59

02 单击"图层"面板底部的 ▣ 按钮，新建一个图层。选择椭圆选框工具 ◯ ，按住Shift键创建一个圆形选区，如图2-60所示。选择渐变工具 ▣ ，单击"径向渐变"按钮 ▣ ，在选区内单击并拖动鼠标填充渐变，制作出球体，如图2-61所示。

图 2-60　　　　　　　　　图 2-61

03 按D键，恢复为默认的前景色和背景色。单击"线性渐变"按钮 ▣ ，选择前景到透明渐变，如图2-62所示。在选区外部右下方处单击，向选区内拖动鼠标，稍微进入选区内时放开鼠标按键，进行填充；将光标放在选区外部的右上角，向选区内拖动鼠标再填充一个渐变，增强球形的立体感，如图2-63所示。

图 2-62　　　　　　　　　图 2-63

04 按Ctrl+D快捷键取消选择。下面来制作圆锥。使用矩形选框工具 ⬚ 创建选区，如图2-64所示。单击"图层"面板底部的 🔲 按钮，新建一个图层，如图2-65所示。

图 2-64

图 2-65

05 选择渐变工具 ▬，调整渐变颜色，按住Shift键，在选区内从左至右拖动鼠标填充渐变，如图2-66所示。按Ctrl+D快捷键取消选择。执行"编辑"|"变换"|"透视"命令，显示定界框，将右上角的控制点拖动到中央，如图2-67所示，然后按Enter键确认操作。

图 2-66

图 2-67

06 使用椭圆选框工具 ⬭ 创建选区，如图2-68所示；再用矩形选框工具 ⬚ 按住Shift键创建矩形选区，如图2-69所示，放开鼠标后这两个选区会进行相加运算，得到图2-70所示的选区。

图 2-68

图 2-69

图 2-70

07 按Shift+Ctrl+I快捷键反选，如图2-71所示。按Delete键删除多余的部分，按Ctrl+D快捷键取消选择，完成圆锥的制作，如图2-72所示。

图 2-71

图 2-72

08 下面来制作斜面圆柱体。单击"图层"面板底部的按钮 🔲，创建一个图层。用矩形选框工具 ⬚ 创建选区，并填充渐变，如图2-73所示。采用与处理圆锥底部相同的方法，对圆柱的底部进行修改，如图2-74所示。

图 2-73

图 2-74

09 使用椭圆选框工具 ⬭ 创建选区，如图2-75所示。执行"选择"|"变换选区"命令，显示定界框，将选区旋转并移动到圆柱上半部，如图2-76所示。按Enter键确认操作。单击"图层"面板底部的按钮 🔲，创建一个图层。调整渐变颜色，如图2-77所示。

图 2-75

图 2-76

图 2-77

10 先在选区内部填充渐变，如图2-78所示；然后选择前景到透明渐变样式，分别在右上角和左下角填充渐变，如图2-79、图2-80所示。

图 2-78

图 2-79

图 2-80

11 按Ctrl+D快捷键取消选择。选择位于下方的圆柱体图层，如图2-81所示。用多边形套索工具 ⬡ 将顶部多余的图像选中，如图2-82所示，按Delete键删除，取消选择，斜面圆柱就制作好了，如图2-83所示。

图 2-81

图 2-82

图 2-83

12 下面来制作倒影。选择球体所在的图层，如图2-84所示，按Ctrl+J快捷键复制，如图2-85所示。

图 2-84

图 2-85

⑬ 执行"编辑"|"变换"|"垂直翻转"命令，翻转图像，再使用移动工具 ✛ 拖动到球体下方，如图2-86所示。单击"图层"面板底部的 ▣ 按钮，添加图层蒙版。使用渐变工具 ▭ 填充黑白线性渐变，将画面底部的球体隐藏，如图2-87、图2-88所示。

要让投影盖住几何体，效果如图2-89所示。

图2-89

图2-86　　　　　图2-87　　　　　图2-88

⑭ 采用相同的方法，为另外两个几何体添加倒影。需要注意的是，应将投影图层放在几何体图层的下方，不

2.6 图像的变换与变形操作

在Photoshop中，移动、旋转和缩放称为变换操作，扭曲和斜切则称为变形操作。Photoshop可以对整个图层、多个图层、图层蒙版、选区、路径、矢量形状、矢量蒙版和Alpha通道进行变换和变形处理。

2.6.1 移动与复制图像

在"图层"面板中单击要移动的对象所在的图层，如图2-90所示，使用移动工具 ✛ 在画面中单击并拖动鼠标即可将其移动，如图2-91所示。按住Alt键拖动可以复制图像，如图2-92所示。

图2-90

图2-91　　　　　图2-92

如果创建了选区，如图2-93所示，则将光标放在选区内，单击并拖动鼠标，可以移动选中的图像，如图2-94所示。

图2-93　　　　　图2-94

2.6.2 在文档间移动图像

打开两个或多个文档，选择移动工具 ✛，将光标放在画面中，单击并拖动图像至另一个文档的标题栏，如图2-95所示，停留片刻切换到该文档，移动到画面中放开鼠标，可以将图像拖入该文档，如图2-96、图2-97所示。

图2-95

图 2-96

图 2-97

2.6.3 定界框、中心点和控制点

在 Photoshop 中对图像进行变换或变形操作时，对象周围会出现一个定界框，定界框中央有一个中心点，四周有控制点，如图 2-98 所示。默认情况下，中心点位于对象的中心，用于定义对象的变换中心，通过拖动可以改变它的位置。拖动控制点则可以进行变换操作。图 2-99、图 2-100 所示为中心点在不同位置时图像的旋转效果。

图 2-98   图 2-99

图 2-100

2.6.4 变换与变形

选择移动工具 ✛ 后，按 Ctrl+T 快捷键（相当于执行"编辑"|"自由变换"命令），当前对象上会显示用于变换的定界框，拖动定界框和定界框上的控制点，可以对图像进行变换操作，操作完成后，可按 Enter 键确认操作。如果对变换的结果不满意，则可按 Esc 键取消操作。

● 缩放与旋转：将光标放在定界框四周的控制点上，当光标变为 ↖ 状时，单击并拖动鼠标，可以拉伸对象，如图 2-101 所示，按住 Shift 键操作，可以进行等比例缩放；当光标在定界框外变为 ↻ 状时拖动鼠标，可以旋转对象，如图 2-102 所示。

图 2-101   图 2-102

● 斜切：将光标放在定界框四周的控制点上，按住 Shift+Ctrl 快捷键，光标变为 ▸ 状时单击并拖动鼠标，可沿水平方向斜切对象，如图 2-103 所示；光标变为 ◂ 状时拖动鼠标，可沿垂直方向斜切，如图 2-104 所示。

图 2-103   图 2-104

● 扭曲与透视：将光标放在控制点上，按住 Ctrl 键，光标显示为 ▹ 状时，单击并拖动鼠标，可以扭曲对象，如图 2-105 所示；如果按住 Shift+Ctrl+Alt 快捷键操作，则可进行透视扭曲，如图 2-106 所示。

图 2-105   图 2-106

2.7 变换实例：让自然景象更壮观

01 按Ctrl+N快捷键，打开"新建文档"对话框，新建一个文档，如图2-107所示。

图2-107

02 打开两个素材，如图2-108、图2-109所示。

图2-108 图2-109

03 使用移动工具 ✛ 将它们拖入到新建文档中，海浪图像放在上面，按Ctrl+T快捷键显示定界框，将光标放在图像上，单击鼠标右键，在打开的快捷菜单中选择"变形"命令，如图2-110所示，在图像上会显示变形网格，如图2-111所示。

图2-110 图2-111

04 将光标放在变形网格右上角的锚点上，按住鼠标向上拖动，直至拖出画面外，如图2-112所示，再向上拖动方向线，如图2-113所示。

图2-112 图2-113

05 将光标放在网格上，按住鼠标向上拖动，以增加海浪的高度，如图2-114所示。为了不使近景的海水过于扭曲变形，可以将右下方的网格向下拖动，再调整一下左上角的网格及方向线，让海浪离岸上的人再近一些，如图2-115所示，按Enter键确认操作。

图2-114 图2-115

06 选择橡皮擦工具 ✐，在工具选项栏中设置笔尖大小为120像素，硬度为0，不透明度为40%，如图2-116所示。擦除图像的左侧边缘，使两幅图像能自然地融合在一起，如图2-117所示。

图2-116 图2-117

07 单击"图层"面板底部的 ◻ 按钮，新建一个图层，如图2-118所示。选择画笔工具 ✐ 绘制天空。按"I"键可切换为吸管工具 ✐，在天空中深蓝色的位置单击，将其拾取为前景色，再按"B"键切换为画笔工具 ✐，在画面左上方涂抹，画到与图像相交的位置时，应将画笔工具的不透明度调小，使颜色变浅，才能实现自然过渡的效果，如图2-119所示。

图2-118 图2-119

2.8 变形实例：透视变形

透视变形功能可以调整图像的透视，特别适合出现透视扭曲的建筑图像和房屋图像。

01 打开素材，如图2-120所示。执行"编辑"|"透视变形"命令，图像上会出现提示信息，将其关闭。在画面中单击并拖动鼠标，沿图像结构的平面绘制四边形，如图2-121所示。

让倾斜的建筑立面恢复为水平状态，如图2-124所示。按Enter键确认操作。最后，使用裁剪工具 ↳ 将空白图像裁掉，如图2-125所示。

图 2-122

图 2-123

图 2-120

图 2-121

02 拖动四边形各边上的控制点，使其与结构中的直线平行。在画面左侧的建筑立面上单击并拖动鼠标，创建四边形，并调整结构线，如图2-122、图2-123所示。

03 单击工具选项栏中的"变形"按钮，切换到变形模式。单击并拖动画面底部的控制点，向画面中心移动，

图 2-124

图 2-125

2.9 变形实例：操控变形

操控变形是一种十分灵活的变形功能。使用该功能时，可以在图像的关键点上放置图钉，然后通过拖动图钉，来对其进行变形操作。例如，可以轻松地让人的手臂弯曲、身体摆出不同的姿态等。

01 打开PSD格式分层素材，如图2-126所示。单击"长颈鹿"图层，如图2-127所示。

栏中的 ✔ 按钮，结束操作。

图 2-126

图 2-127

图 2-128

图 2-129

02 执行"编辑"|"操控变形"命令，长颈鹿图像上会显示变形网格，如图2-128所示。在工具选项栏中将"模式"设置为"正常"，"浓度"设置为"较少点"。在长颈鹿身体的关键点上单击，添加几个图钉，如图2-129所示。

03 在工具选项栏中取消对"显示网格"选项的勾选，以便能够更清楚地观察到图像的变化。单击图钉并拖动鼠标，即可改变长颈鹿的动作，如图2-130、图2-131所示。单击一个图钉后，在工具选项栏中会显示其旋转角度，此时可以直接输入数值进行调整。单击工具选项

图 2-130

图 2-131

2.10 变形实例：内容识别缩放

内容识别缩放是一个十分神奇的缩放功能，它主要影响没有重要可视内容区域中的像素。例如，缩放图像时，画面中的人物、建筑、动物等不会变形。

01 打开素材，如图2-132所示。这幅图像接近于方形构图，我们要将其调整为A4大小的横幅画面，涉及扩展画布和填充内容。"内容识别缩放"命令能自动补充图像内容，但是该命令不能处理"背景"图层，需要先将"背景"图层转换为普通图层，操作方法是按住Alt键，双击"背景"图层，如图2-133所示。

图2-132　　　　　图2-133

02 执行"图像"|"画布大小"命令，在"当前大小"中可以看到图像的宽度为18.66厘米，在"新建大小"中将"宽度"设置为29.7厘米，然后单击左侧的米字格进行定位，使增加的画布位于图像右侧，如图2-134所示，单击"确定"按钮，如图12-135所示，扩展的画布呈现为透明效果。

图2-134　　　　　图2-135

03 使用快速选择工具选取女孩，如图12-136所示，执行"选择"|"存储选区"命令，为选区命名为"女

孩"，如图12-137所示。按Ctrl+D快捷键取消选择。

图2-136　　　　　图2-137

04 执行"编辑"|"内容识别缩放"命令，显示定界框，在工具选项栏"保护"下拉列表中选择"女孩"选项，对这个选区内容进行保护。拖动右侧控制点至画布边缘，使风景布满画面的透明区域，如图2-138所示，按Enter键确认操作，如图2-139所示。

图2-138

tip 工具选项栏中的保护肤色按钮，其作用是自动分析图像，尽量避免包含皮肤颜色的区域产生变形，在处理肤色与背景对比明显的图像时，可单击该按钮。

图2-139

2.11 应用案例：分形艺术

01 打开素材，如图2-140所示。选择"人物"图层，按Ctrl+J快捷键复制，如图2-141所示。单击"人物"图层前面的眼睛图标，将该图层隐藏，如图2-142所示。

02 按Ctrl+T快捷键显示定界框，先将中心点拖动到定界框外，如图2-143所示，然后在工具选项栏中输入数值，进行精确定位（X为561像素，Y为389像素），如图2-144所示。

图2-140　　　　图2-141　　　　图2-142

图 2-143　　　　　　　　　　图 2-144

03 在工具选项栏中输入旋转角度值（14度）和缩放比例（94.1%）值，将图像旋转并等比缩小，如图2-145所示，按Enter键确认操作，如图2-146所示。

图 2-145　　　　　　　　　　图 2-146

04 按住Alt+Shift+Ctrl快捷键，然后连续按T键38次，每按一次便生成一个新的人物图像，如图2-147所示。新对象位于单独的图层中，如图2-148所示。

图 2-147　　　　　　　　　　图 2-148

05 选择新生成的图层，按Ctrl+E快捷键合并，如图2-149所示。显示"人物"图层，如图2-150所示，将其拖动到最顶层，如图2-151所示。

图 2-149　　　　图 2-150　　　　图 2-151

06 打开素材，如图2-152所示，使用移动工具 ✛ 将其拖入人物文档中，放在"背景"图层上方，如图2-153、图

2-154所示。

图 2-152　　　　　　　　　　图 2-153

图 2-154

07 选择"人物副本39"图层，如图2-155所示，按Ctrl+J快捷键复制图层，如图2-156所示。再选择"人物副本39"图层，如图2-157所示。

图 2-155　　　　图 2-156　　　　图 2-157

08 按Ctrl+T快捷键显示定界框，按住Shift键拖动控制点，将图像等比例缩小，再进行适当的旋转，如图2-158所示。按Enter键确认操作。

图 2-158

09 按Ctrl+J快捷键复制当前图层。按Ctrl+T快捷键显示定界框，缩小并旋转图像，如图2-159所示。按Enter键确认操作。

10 按住Ctrl键，单击图2-160所示的3个图层，将它们同时选取，按Ctrl+J快捷键复制，如图2-161所示。

图2-159

图2-160   图2-161

⑪ 执行"编辑"|"变换"|"水平翻转"命令，翻转图像。选择移动工具 ✛ ，按住Shift键锁定水平方向向右侧拖动，效果如图2-162所示。

图2-162

2.12 课后作业：表现雷达图标的玻璃质感

本章学习了Photoshop基本操作方法。下面通过课后作业来强化学习效果。如果有不清楚的地方，请看一下视频教学录像。

下面是一个用透明渐变表现雷达图标玻璃质感的实例。首先需要用多边形套索工具 ⎘ 创建选区，然后填充前景–透明渐变。

实例效果

创建类似扇形的选区

选择前景-透明渐变

使用椭圆选框工具 ◯ ，通过选区运算创建出月牙形选区，在选区内填充前景–透明渐变。最后柔角画笔工具 ✏ 点几个圆点。

填充前景-透明渐变

创建月牙状选区

填充前景-透明渐变

2.13 复习题

1. 查看图像时，缩放工具 🔍 、抓手工具 ✋ 和"导航器"面板分别适合在什么样的情况下使用？

2. 怎样使用"色板"面板加载Pantone颜色。

3. 在Photoshop中，哪些对象可以进行变换和变形操作？

第3章

图层与蒙版

海报设计

Photoshop 图像编辑的基本流程是：先选择需要编辑的对象所在的图层，然后通过选区将其选中，之后再进行相应的操作。在 Photoshop 中，图层的操作比较简单，蒙版是一种遮盖图像的工具，可以合成图像，控制填充图层、调整图层、智能滤镜的应用范围。

扫描二维码，关注李老师的微博、微信。

3.1 海报设计的常用表现手法

　　海报（英文为 Poster）即招贴，是指张贴在公共场所的告示和印刷广告。海报作为一种视觉传达艺术，最能体现平面设计的形式特征，它的设计理念、表现手法较之其他广告媒介更具典型性。海报从用途上可以分为 3 类，即商业海报、艺术海报和公共海报。海报设计的常用表现手法包括以下几种。

● 写实表现法： 一种直接展示对象的表现方法， 它能够有效地传达产品的最佳利益点。 图 3-1 所示为芬达饮料海报。

● 联想表现法： 一种婉转的艺术表现方法， 它是由一个事物联想到另外的事物， 或将事物某一点与另外事物的相似点或相反点自然地联系起来的思维过程。 图 3-2 所示为 Covergirl 睫毛刷产品宣传海报。

● 情感表现法： "感人心者， 莫先于情"， 情感是最能引起人们心理共鸣的一种心理感受。 美国心理学家马斯诺指出："爱的需要是人类需要层次中最重要的一个层次"。 在海报中运用情感因素可以增强作品的感染力， 达到以情动人的效果。 图 3-3 所示为里维斯牛仔裤海报——融合起来的爱， 叫完美！

图 3-1　　　　　　　　图 3-2

● 对比表现法： 将性质不同的要素放在一起相互比较。 图 3-4 所示为 Schick Razors 舒适剃须刀海报， 男子强壮的身体与婴儿般的脸蛋形成了强烈的对比， 既新奇又充满了幽默感。

● 夸张表现法： 海报中常用的表现手法之一， 它通过一种夸张的、 超出观众想象的画面内容来吸引受众的眼球， 具有极强的吸引力和戏剧性。 图 3-5 所示为生命阳光牛初乳婴幼儿食品海报——不可思议的力量。

图 3-3　　　　　　　图 3-4　　　　　　　图 3-5

学习重点	图层的原理/P29		矢量蒙版/P37		图层蒙版/P38	
	"图层"面板/P30		剪贴蒙版/P37		编辑图层蒙版/P38	

- 幽默表现法：广告大师波迪斯曾经说过："巧妙地运用幽默，就没有卖不出去的东西"。幽默的海报具有很强的戏剧性、故事性和趣味性，往往能够令人会心一笑，让人感觉到轻松愉快，并产生良好的说服效果。图 3-6 所示为 LG 洗衣机广告：有些生活情趣是不方便让外人知道的，LG 洗衣机可以帮你。不用再使用晾衣绳，自然也不用为生活中的某些情趣感到不好意思了。

- 拟人表现法：将自然界的事物进行拟人化处理，赋予其人格和生命力，能让受众迅速地在心理产生共鸣。图 3-7 所示为 Kiss FM 摇滚音乐电台海报——跟着 Kiss FM 的劲爆音乐跳舞。

- 名人表现法：巧妙地运用名人效应会增加产品的亲切感，产生良好的社会效益。图 3-8 所示为猎头公司广告——幸运之箭即将射向你。这则海报暗示了猎头公司会像丘比特一样为你制定专属的目标，帮用户找到心仪的工作。

图 3-6   图 3-7   图 3-8

3.2 图层

图层是 Photoshop 的核心功能，它承载了图像，而且有许多功能，如图层样式、混合模式、蒙版、滤镜、文字、3D 和调色命令等，都依托于图层而存在。

3.2.1 图层的原理

图层如同堆叠在一起的透明纸，每一张纸（图层）上都保存着不同的图像，透过上面图层的透明区域，可以看到下面层中的图像，如图 3-9 所示。

图层原理   "图层"面板状态   图像效果   可以单独调整一个图层的颜色

图 3-9

如果没有图层，所有的图像将位于同一平面上，想要处理任何一部分图像内容，都必须先将它选择出来，否则，操作将会影响整个图像。有了图层，就可以将图像的不同部分放在不同的图层上，这样的话，就可以单独修改一个图层上的图像，而不会破坏其他图层上的内容。单击"图层"面板中的一个图层，即可选择该图层，所选图层称为"当前图层"。 一般情况下，所有编辑（如颜色调整、滤镜等）只对当前选择的一个图层有效，但是移动、旋转等变换操作可以同时应用于多个图层。要选择多个图层，可以按住 Ctrl 键，分别单击它们。

3.2.2 图层面板

"图层"面板用于创建、编辑和管理图层，以及为图层添加图层样式。面板中列出了文档中包含的所有图层、图层组和图层效果，如图 3-10 所示。图层名称左侧的图像是该图层的缩览图，它显示了图层中包含的图像内容，缩览图中的棋盘格代表了图像的透明区域。在图层缩览图上单击鼠标右键，可以在打开的快捷菜单中调整缩览图的大小。Photoshop 中可以创建很多种类型的图层，它们都有各自的功能和用途，在"图层"面板中的显示状态也各不相同，如图 3-11 所示。

图 3-10

图 3-11

3.2.3 新建与复制图层

单击"图层"面板中的 ▢ 按钮，即可在当前图层上面新建一个图层，新建的图层会自动成为当前图层，

如图 3-12、图 3-13 所示。如果要在当前图层的下面新建图层，可以按住 Ctrl 键单击 ▢ 按钮。但"背景"图层下面不能创建图层。将一个图层拖动到 ▢ 按钮上，可复制该图层，如图 3-14 所示。按 Ctrl+J 快捷键，则可复制当前图层。

图 3-12　　　　　图 3-13

图 3-14

3.2.4 调整图层堆叠顺序

在"图层"面板中，图层是按照创建的先后顺序堆叠排列的。将一个图层拖动到另外一个图层的上面或下面，即可调整图层的堆叠顺序。改变图层顺序会影响图像的显示效果，如图 3-15、图 3-16 所示。

图 3-15

图 3-16

3.2.5 图层的命名与管理

在图层数量较多的文档中，可以为一些重要的图层设置容易识别的名称，或可以区别于其他图层的颜色，以便在操作中能够快速找到它们。

● 修改图层的名称：双击图层的名称，如图3-17所示，在显示的文本框中可以输入新名称，按Enter键确认操作。

● 修改图层的颜色：选择一个图层，单击鼠标右键，在打开的快捷菜单中可以选择颜色，如图3-18所示。

● 编组：如果要将多个图层编入一个图层组，可以选择这些图层，如图3-19所示，然后执行"图层"|"图层编组"命令，或按Ctrl+G快捷键，如图3-20所示。创建图层组后，可以将图层拖入组中或拖出组外。图层组类似于文件夹，单击 ∨ 按钮可关闭（或展开）组。

图3-17

图3-18

图3-19

图3-20

3.2.6 显示与隐藏图层

单击一个图层前面的眼睛图标 ◉ ，可以隐藏该图层，如图3-21所示。如果要重新显示图层，可在原眼睛图标 ◉ 处再次单击，如图3-22所示。

图3-21

图3-22

> **tip** 将光标放在一个图层的眼睛图标 ◉ 上单击，并在眼睛图标列拖动鼠标，可以快速隐藏（或显示）多个相邻的图层。按住Alt键单击一个图层的眼睛图标 ◉ ，则可将除该图层外的所有图层都隐藏；按住Alt键再次单击同一眼睛图标 ◉ ，可以恢复其他图层的可见性。

3.2.7 合并与删除图层

图层、图层组和图层样式等都会占用计算机的内存，这些内容和效果过多，会导致计算机的运行速度变慢。将相同属性的图层合并，或者将没有用处的图层删除，可以减小文件的大小。

● 合并图层：如果要将两个或多个图层合并，可以先选择它们，然后执行"图层"|"合并图层"命令，或按Ctrl+E快捷键，如图3-23、图3-24所示。

图3-23

图3-24

● 合并所有可见的图层：执行"图层"|"合并可见图层"命令，或按Shift+Ctrl+E快捷键，所有可见图层会合并到"背景"图层中。

● 删除图层：将一个图层拖动到"图层"面板底部的 🗑 按钮上，可删除该图层。此外，选择一个或多个图层后，按Delete键也可将其删除。

3.2.8 锁定图层

"图层"面板中提供了用于保护图层透明区域、图像像素和位置等属性的锁定功能，如图3-25所示，可帮助用户避免因操作失误而对图层造成修改。

图 3-25

- 锁定透明像素 ▣ ：单击该按钮后，可以将编辑范围限定在图层的不透明区域，图层的透明区域会受到保护。

- 锁定图像像素 ✔ ：单击该按钮后，只能对图层进行移动和变换操作，不能在图层上绘画、擦除或应用滤镜。

- 锁定位置 ✛ ：单击该按钮后，图层不能移动。对于设置了精确位置的图像，锁定位置后，就不必担心被意外移动了。

- 锁定全部 🔒 ：单击该按钮，可以锁定以上全部项目。

- 防止在画板和画框内外自动嵌套 🗗 ：将图像移出画板边缘时，其所在的图层或组仍能保留在画板中。

> **tip** 当图层只有部分属性被锁定时，图层名称右侧会出现一个空心的锁状图标 🔓 ，当所有属性都被锁定时，锁状图标 🔒 是实心的。

3.2.9 图层的不透明度

在"图层"面板中，有两个控制图层不透明度的选项，即"不透明度"和"填充"。在这两个选项中，100% 代表了完全不透明，50% 代表了半透明，0% 为完全透明。"不透明度"选项用来控制图层及图层组中绘制的像素和形状的不透明度，如果对图层应用了图层样式，那么图层样式的不透明度也会受到该值的影响。"填充"选项只影响图层中绘制的像素和形状的不透明度，不会影响图层样式的不透明度。

例如，图 3-26 所示为添加了"斜面和浮雕""投影"样式的图像，当调整图层不透明度时，会对图像和图层样式都产生影响，如图 3-27 所示。调整"填充"不透明度时，仅影响图像，图层样式的不透明度不会发生改变，如图 3-28 所示。

图 3-26

图 3-27

图 3-28

> **tip** 使用除画笔、图章、橡皮擦等绘画和修饰之外的其他工具时，按键盘中的数字键，可快速修改图层的不透明度。例如，按"5"，不透明度会变为 50%；按"55"，不透明度会变为 55%；按"0"，不透明度会恢复为 100%。

3.2.10 图层的混合模式

混合模式决定了像素的混合方式，可用于合成图像、制作选区和特殊效果。选择一个图层后，单击"图层"面板顶部的 ∨ 按钮，在打开的下拉菜单中可以为它选择一种混合模式，如图 3-29 所示。图 3-30 所示为一个 PSD 格式的分层文件，下表中显示了为"图层 1"设置不同的混合模式后，它与下面图层中的像素（"背景"图层）如何混合。

图 3-29　　　　图 3-30

正常模式

默认的混合模式，图层的不透明度为100%时，完全遮盖下面的图像。降低不透明度可以使其与下面的图层混合

溶解模式

设置为该模式，并降低图层的不透明度时，可以使半透明区域上的像素离散，产生点状颗粒

变暗模式

比较两个图层，当前图层中较亮的像素会被底层较暗的像素替换，亮度值比底层像素低的像素保持不变

正片叠底模式

当前图层中的像素与底层的白色混合时保持不变，与底层的黑色混合时，则被其替换，混合结果通常会使图像变暗

颜色加深模式

通过增加对比度来加强深色区域，底层图像的白色保持不变

线性加深模式

通过减小亮度使像素变暗，它与"正片叠底"模式的效果相似，但可以保留下面图像更多的颜色信息

深色模式

比较两个图层所有通道值的总和，并显示值较小的颜色，不会生成第三种颜色

变亮模式

与"变暗"模式的效果相反，当前图层中较亮的像素会替换底层较暗的像素，而较暗的像素则被底层较亮的像素替换

滤色模式

与"正片叠底"模式的效果相反，它可以使图像产生漂白的效果，类似于多个摄影幻灯片在彼此之上投影

颜色减淡模式

与"颜色加深"模式的效果相反，它通过减小对比度来加亮底层的图像，并使颜色变得更加饱和

线性减淡（添加）模式

与"线性加深"模式的效果相反。通过增加亮度来减淡颜色，亮化效果比"滤色"和"颜色减淡"模式都强烈

浅色模式

比较两个图层所有通道值的总和，并显示值较大的颜色，不会生成第三种颜色

叠加模式

可增强图像的颜色，并保持底层图像的高光和暗调

柔光模式

当前图层中的颜色决定了图像变亮或是变暗。如果当前图层中的像素比50%灰色亮，图像变亮；如果像素比50%灰色暗，则图像变暗。产生的效果与发散的聚光灯照在图像上相似

强光模式

当前图层中比50%灰色亮的像素会使图像变亮；比50%灰色暗的像素会使图像变暗。产生的效果与耀眼的聚光灯照在图像上相似

亮光模式

如果当前图层中的像素比50%灰色亮，可通过减小对比度的方式使图像变亮；如果当前图层中的像素比50%灰色暗，则通过增加对比度的方式使图像变暗。可使混合后的颜色更加饱和

线性光模式

如果当前图层中的像素比50%灰色亮，可通过增加亮度使图像变亮；如果当前图层中的像素比50%灰色暗，则通过减小亮度使图像变暗。与"强光"模式相比，"线性光"可以使图像产生更高的对比度

点光模式

如果当前图层中的像素比50%灰色亮，可替换暗的像素；如果当前图层中的像素比50%灰色暗，则替换亮的像素，这对于向图像中添加特殊效果时非常有用

实色混合模式		差值模式		排除模式	
如果当前图层中的像素比50%灰色亮，会使底层图像变亮；如果当前图层中的像素比50%灰色暗，则会使底层图像变暗。该模式通常会使图像产生色调分离效果		当前图层的白色区域会使底层图像产生反相效果，而黑色则不会对底层图像产生影响		与"差值"模式的原理基本相似，但该模式可以创建对比度更低的混合效果	
减去模式		划分模式		色相模式	
可以从目标通道中相应的像素上减去源通道中的像素值		查看每个通道中的颜色信息，从基色中划分混合色		将当前图层的色相应用到底层图像的亮度和饱和度中，可以改变底层图像的色相，但不会影响其亮度和饱和度。对于黑色、白色和灰色区域，该模式不起作用	
饱和度模式		颜色模式		明度模式	
将当前图层的饱和度应用到底层图像的亮度和色相中，可以改变底层图像的饱和度，但不会影响其亮度和色相		将当前图层的色相与饱和度应用到底层图像中，但保持底层图像的亮度不变		将当前图层的亮度应用于底层图像的颜色中，可改变底层图像的亮度，但不会对其色相与饱和度产生影响	

> **tip** 在混合模式选项栏双击，然后滚动鼠标中间的滚轮，可以循环切换各个混合模式。

3.3 图层实例：制作故障风格海报

01 打开素材，如图3-31所示。按Ctrl+J快捷键复制"背景"图层，生成"图层1"，设置不透明度为32%，如图3-32所示。

填充，如图3-34、图3-35所示。

图3-31　　　　　　图3-32

02 选择"背景"图层，如图3-33所示。将前景色设置为蓝紫色（R95，G82，B160），按Alt+Delete快捷键进行

图3-33　　　图3-34　　　图3-35

03 拖动"图层1"到面板底部的 按钮上，进行复制，将不透明度设置为100%，如图3-36所示。双击该图层，打开"图层样式"对话框，在"高级混合"选项卡中取消对B通道的勾选（默认情况下R、G、B三个通道都是选取状

态），如图3-37、图3-38所示，然后关闭对话框。

04 按Ctrl+J快捷键复制该图层，如图3-39所示。

05 双击该图层，打开"图层样式"对话框，取消对G通道的勾选，如图3-40所示，关闭对话框后，使用移动工具 ✛ 将图像向右侧移动，使其与底层图像之间产生错位，形成重影效果，如图3-41所示。

图3-36　　　　　　图3-37

图3-40　　　　　　图3-41

> **tip** 故障风格是利用事物形成的故障，进行艺术加工，从而使这种故障具有一种特殊的美感。

图3-38　　　　　　图3-39

3.4 智能对象实例：制作咖啡店海报

01 打开素材，如图3-42所示。按住Ctrl键单击"咖啡杯"和"阴影"图层，将它们选取，如图3-43所示。执行"图层"|"智能对象"|"转换为智能对象"命令，将这两个图层打包到一个智能对象中，如图3-44所示。

快捷键显示定界框，将光标放在定界框的一角，按住Shift键拖动鼠标，将咖啡杯成比例缩小，使画面符合近大远小的透视关系，如图3-46所示，按Enter键确认。

图3-42　　　　　图3-43　　　　　图3-44

图3-45　　　　　　图3-46

02 按Ctrl+J快捷键复制"咖啡杯"图层，如图3-45所示。使用移动工具 ✛ 将咖啡杯拖到画面左侧，按Ctrl+T

03 执行"滤镜"|"模糊"|"高斯模糊"命令，使咖啡杯符合近实远虚的透视规律，如图3-47、图3-48所示。

图 3-47　　　　　图 3-48

04 再次按Ctrl+J快捷键复制"咖啡杯拷贝"图层，如图3-49所示，使用移动工具 ✛，按住Shift键将其拖至画面右侧，如图3-50所示。

图 3-49　　　　　图 3-50

05 双击"咖啡杯"图层缩览图，或选择"咖啡杯"图层，执行"图层"|"智能对象"|"编辑内容"命令，在新的窗口中打开智能对象的原始文件，如图3-51所示。打开一个图案素材，如图3-52所示，

图 3-51　　　　　图 3-52

06 将图案拖到咖啡杯上，设置不透明度为50%，以便能看到咖啡杯的轮廓，如图3-53、图3-54所示。

图 3-53　　　　　图 3-54

07 按Ctrl+T快捷键显示定界框，在图像上单击鼠标右键，选择"变形"命令，如图3-55所示，图像上会显示变形网格，拖曳4个角上的锚点到咖啡杯边缘，同时调整锚点上的方向点，使图片依照杯子的结构进行扭曲，如图3-56~图3-60所示，按Enter键确认操作。

图 3-55　　　　图 3-56　　　　图 3-57

图 3-58　　　　图 3-59　　　　图 3-60

08 将不透明度设置为90%，如图3-61、图3-62所示。

图 3-61　　　　　图 3-62

09 单击"图层"面板底部的 ▢ 按钮，新建一个图层。按Alt+Ctrl+G快捷键创建剪贴蒙版。选择画笔工具 ✐，在工具选项栏中设置笔尖为柔角150像素，不透明度为15%，在图案两侧涂抹白色，表现出咖啡杯的反光效果，如图3-63、图3-64所示。

图 3-63　　　　　图 3-64

⑩ 将LOGO素材放在咖啡杯上方，如图3-65所示。按Ctrl+S快捷键保存文件，然后将该文件关闭，文件中所有与之链接的智能对象实例都会同步更新，显示为修改后的效果，如图3-66所示。

图3-65　　　　　图3-66

3.5 蒙版

"蒙版"一词源于摄影，指的是控制照片不同区域曝光的传统暗房技术。Photoshop中的蒙版用来处理局部图像，可以隐藏图像，但不会将其删除。

3.5.1 矢量蒙版

矢量蒙版通过钢笔、自定形状等矢量工具创建的路径和矢量形状来控制图像的显示区域，它与分辨率无关，无论怎样缩放都能保持光滑的轮廓，因此，常用来制作Logo、按钮或其他Web设计元素。

用自定形状工具 创建一个矢量图形，如图3-67所示，执行"图层"|"矢量蒙版"|"当前路径"命令，即可基于当前路径创建矢量蒙版，路径区域外的图像会被蒙版遮盖，如图3-68、图3-69所示。

图3-67

图3-68

图3-69

3.5.2 剪贴蒙版

剪贴蒙版可以用一个图层中包含像素的区域来限制它上层图像的显示范围。它最大的优点是可以通过一个图层来控制多个图层的可见内容，而图层蒙版和矢量蒙版都只能控制一个图层。选择一个图层，执行"图层"|"创建剪贴蒙版"命令，或按Alt+Ctrl+G快捷键，即可将该图层与下方图层创建为一个剪贴蒙版组。剪贴蒙版可以应用于多个图层，但这些图层必须上下相邻。

在剪贴蒙版组中，最下面的图层叫作"基底图层"，它的名称带有下划线，位于它上面的图层叫作"内容图层"，它们的缩览图是缩进的，并带有 状图标（指向基底图层），如图3-70所示。基底图层中的透明区域充当了整个剪贴蒙版组的蒙版，也就是说，它的透明区域就像蒙版一样，可以将内容层中的图像隐藏起来，因此，只要移动基底图层，就会改变内容图层的显示区域。

　　内容图层

　　基底图层

图 3-70

tip 将一个图层拖动到基底图层上，可将其加入剪贴蒙版组中。将内容图层移出剪贴蒙版组，则可以释放该图层。如果要释放全部剪贴蒙版，可选择基底图层正上方的内容图层，再执行"图层"|"释放剪贴蒙版"命令，或按 Alt+Ctrl+G 快捷键。

3.5.3 图层蒙版

　　图层蒙版是一个 256 级色阶的灰度图像，它蒙在图层上面，起到遮盖图层的作用，然而其本身并不可见。图层蒙版主要用于合成图像。此外，创建调整图层、填充图层或应用智能滤镜时，Photoshop 会自动为其添加图层蒙版，因此，图层蒙版还可以控制颜色调整范围和滤镜的有效范围。

　　在图层蒙版中，纯白色对应的图像是可见的，纯黑色会遮盖图像，灰色区域会使图像呈现出一定程度的透明效果（灰色越深，图像越透明），如图 3-71 所示。基于以上原理，如果想要隐藏图像的某些区域，为它添加一个蒙版，再将相应的区域涂黑即可；想让图像呈现出半透明效果，可以将蒙版涂灰。

在黑白渐变区域，图像从完全透明到完全显示　白色处对应的图像完全显示　灰色使图像呈现透明效果　黑色完全遮挡图像　被蒙版遮挡的图像

　　图层蒙版

图 3-71

　　选择一个图层，如图 3-72 所示，单击"图层"面板底部的 ▢ 按钮，即可为其添加一个白色的图层蒙版，如图 3-73 所示。如果在画面中创建了选区，如图

3-74 所示，则单击 ▢ 按钮可基于选区生成蒙版，将选区外的图像隐藏，如图 3-75 所示。

图 3-72　　　　　　　　图 3-73

图 3-74　　　　　　　　图 3-75

　　添加图层蒙版后，蒙版缩览图外侧有一个白色的边框，它表示蒙版处于编辑状态，如图 3-76 所示，此时进行的所有操作将应用于蒙版。如果要编辑图像，应单击图像缩览图，将边框转移到图像上，如图 3-77 所示。

图 3-76　　　　　　　　图 3-77

3.5.4 用画笔工具编辑图层蒙版

　　图层蒙版是位图图像，几乎可以使用所有的绘画工具来编辑它。例如，用柔角画笔工具 ✎ 修改蒙版，可以使图像边缘产生逐渐淡出的过渡效果，如图 3-78 所示；用渐变工具 ▉ 编辑蒙版，可以将当前图像逐渐融入另一个图像中，图像之间的融合效果自然、平滑，如图 3-79 所示。

图 3-78

图 3-79

选择画笔工具 ✐ 后，可以在工具选项栏中设置画笔的参数，如图 3-80 所示。

图 3-80

- **大小**：拖动滑块或在文本框中输入数值，可以调整画笔的笔尖大小。
- **硬度**：用来设置画笔笔尖的硬度。硬度值低于 100%，可以得到柔角笔尖，如图 3-81 所示。

硬度为 0% 的柔角笔尖　硬度为 50% 的柔角笔尖　硬度为 100% 的硬角笔尖

图 3-81

- **模式**：在下拉列表中可以选择画笔笔迹颜色与下面像素的混合模式。
- **不透明度**：用来设置画笔的不透明度，该值越低，线条的透明度越高。
- **绘图板压力按钮** ✐✐：按下这两个按钮后，使用数位板绘画时，光笔压力可覆盖"画笔"面板中的不透明度和大小设置。
- **流量**：用来设置当光标移动到某个区域上方时应用颜色的速率。在某个区域上方涂抹时，如果一直按住鼠标左键，颜色将根据流动速率增加，直至达到不透明度设置。
- **喷枪** ✐：按下该按钮，可以启用喷枪功能，此时在一处位置单击后，按住鼠标左键的时间越长，颜色堆积得越多。"流量"设置越高，颜色堆积的速度越快，直至达到所设定的"不透明度"值。在"流量"设置较低的情况下，会以缓慢的速度堆积颜色，直至达到"不透明度"值。再次单击该按钮，可以关闭喷枪功能。
- **平滑**：数值越高描边抖动越小，描边越平滑。单击 ✿

按钮，可以在打开的下拉面板中设置平滑选项，使画笔带有智能平滑效果。

- **设置绘画的对称选项** ✿：在该选项列表中选择一种对称类型后，所绘描边将在对称线上实时反映出来，从而可以轻松地创建各种复杂的对称图案。对称类型包括垂直、水平、双轴、对角、波纹、圆形、螺旋线、平行线、径向、曼陀罗。

执行"窗口"|"画笔"命令，打开"画笔"面板，如图 3-82 所示。面板中提供了大量预设的笔尖，它们被归类到 5 个画笔组中，单击组前方的 〉按钮，可以展开组，选择其中的笔尖。

图 3-82

"画笔设置"面板是 Photoshop 中"体型"最大、选项最多的面板。在"画笔"面板中选择一个笔尖后，单击"画笔设置"面板左侧列表中的"画笔笔尖形状"选项，可在面板右侧显示的选项中调整笔尖的角度、圆度、硬度和距离等基本参数，如图 3-83 所示。

图 3-83

> **tip** 使用画笔工具时，在画面中单击，然后按住 Shift 键单击画面中任意一点，两点之间会以直线连接。按住 Shift 键，还可以绘制水平、垂直或以 45°角为增量的直线。按 [键可将画笔调小，按] 键则调大。对于实边圆、柔边圆和书法画笔，按 Shift+[快捷键可减小画笔的硬度，按 Shift+] 快捷键则增加硬度。按键盘中的数字键可调整画笔工具的不透明度。例如，按 1，画笔不透明度为 10%；按 75，不透明度为 75%；按 0，不透明度会恢复为 100%。

3.5.5 混合颜色带

打开一个分层的 PSD 文件，如图 3-84~图 3-86

所示。双击一个图层，打开"图层样式"对话框。在对话框底部，有一个高级蒙版——混合颜色带，如图3-87所示。其独特之处体现在，它既可以隐藏当前图层中的图像，也可以让下面层中的图像穿透当前层显示出来，或者同时隐藏当前图层和下面层中的部分图像，这是其他任何一种蒙版都无法实现的。混合颜色带用来抠火焰、烟花、云彩和闪电等深色背景中的对象，也可以创建图像合成效果。

图 3-84　　　　　　图 3-85　　　　　　图 3-86

图 3-87

● 本图层：　"本图层"是指当前正在处理的图层，拖动本图层滑块，可以隐藏当前图层中的像素，显示出下面层中的图像。例如，将左侧的黑色滑块移向右侧时，当前图层中所有比该滑块所在位置暗的像素都会被隐藏，如图3-88所示；将右侧的白色滑块移向左侧时，

当前图层中所有比该滑块所在位置亮的像素都会被隐藏，如图3-89所示。

● 下一图层：　"下一图层"是指当前图层下面的那一个图层。拖动下一图层中的滑块，可以使下面图层中的像素穿透当前图层显示出来。例如，将左侧的黑色滑块移向右侧时，可以显示下面图层中较暗的像素，如图3-90所示；将右侧的白色滑块移向左侧时，则可以显示下面图层中较亮的像素，如图3-91所示。

图 3-88　　　　　　图 3-89

图 3-90　　　　　　图 3-91

● 混合颜色带：　在该下拉列表中可以选择控制混合效果的颜色通道。选择"灰色"，表示使用全部颜色通道控制混合效果，也可以选择一个颜色通道来控制混合效果。

3.6　矢量蒙版实例：给照片添加唯美相框

01 打开素材，如图3-92所示。单击"图层1"，如图3-93所示。

图 3-92　　　　　　图 3-93

02 选择自定形状工具，在工具选项栏中选择"路径"选项，打开"形状"下拉面板，选择心形，如图3-94所示。在画面中按住鼠标拖动，绘制心形路径，如图3-95所示。

图 3-94　　　　　　图 3-95

03 执行"图层"|"矢量蒙版"|"当前路径"命令，基于当前路径创建矢量蒙版，将路径以外的图像隐藏，如图3-96、图3-97所示。要调整心形路径的位置，可使用路径选择工具 ▶ 选取它，然后进行移动。

图3-96　　　　　图3-97

04 双击"图层1"，打开"图层样式"对话框，在左侧列表中选择"描边"选项，设置"大小"为7像素，单击"颜色"按钮 颜色: ，打开"拾色器"，将光标放在花朵上，单击鼠标左键，拾取花朵的颜色作为描边色，如图

3-98、图3-99所示。再选择"投影"选项，将投影的颜色设置为图案的背景色，如图3-100、图3-101所示。

图3-98　　　　　　　　图3-99

图3-100　　　　　　　图3-101

3.7 剪贴蒙版实例：制作电影海报

01 打开素材，如图3-102所示。执行"文件"|"置入嵌入智能对象"命令，在打开的对话框中选择本书提供的EPS格式素材，如图3-103所示，将其置入到当前文档中。

图3-102　　　　　图3-103

02 拖动控制点，适当调整人物的大小，如图3-104所示。按Enter键确认操作。打开火焰素材，使用移动工具 ✛ 将其拖入人物文档，如图3-105所示。

图3-104　　　　　图3-105

03 执行"图层"|"创建剪贴蒙版"命令，或按Alt+Ctrl+G快捷键创建剪贴蒙版，将火焰的显示范围限定在下方的人像内，如图3-106所示。显示"组1"，如图3-107、图3-108所示。

图3-106　　　　　图3-107

图3-108

3.8 剪贴蒙版实例：制作公益海报

01 打开素材。先来选取北极熊。由于背景是单色的，可先选择背景，再通过反选将北极熊选取，这是选择此类对象的一个技巧。执行"选择"|"色彩范围"命令，打开"色彩范围"对话框。将光标放在背景上，单击鼠标，如图3-109所示，定义颜色选取范围，然后拖曳"颜色容差"滑块，当北极熊变为黑色时，如图3-110所示，就表示背景被完全选取了，并且没有选择到北极熊。

图3-109　　　　　　图3-110

02 单击"确定"按钮关闭对话框，创建选区。按Shift+Ctrl+I快捷键反选，选取北极熊，如图3-111所示。按Ctrl+J快捷键，将其复制到一个新的图层中，如图3-112所示。

图3-111　　　　　　图3-112

03 打开冰山素材，并使用移动工具 ⊕ 将其拖入北极熊文档中，如图3-113所示，单击"图层"面板底部的 ◻ 按钮，添加图层蒙版，如图3-114所示。

图3-113　　　　　　图3-114

04 用渐变工具 ▭ 填充黑白线性渐变，如图3-115、图3-116所示。按Alt+Ctrl+G快捷键，将该图层与它下面的图层创建为一个剪贴蒙版组，如图3-117、图3-118所示。

图3-115　　　　　　图3-116

图3-117　　　　　　图3-118

3.9 剪贴蒙版实例：沙漠变绿洲

01 打开两幅素材，如图3-119、图3-120所示。选择移动工具 ⊕，按住Shift键将树林拖入沙漠文档中，在"图层"面板中自动生成"图层1"，如图3-121所示。

图3-119　　　　　　图3-120

图3-121

tip 将一个图像拖入另一个文档时，按Shift键操作，可以使拖入的图像位于该文档的中心。

02 打开放大镜素材，如图3-122所示，选择魔棒工具 ✦，在放大镜的镜片处单击，创建选区，如图3-123所示。

图 3-122
图 3-123

03 单击"图层"面板底部的 🔲 按钮，新建一个图层。按Ctrl+Delete快捷键在选区内填充背景色（白色），按Ctrl+D快捷键取消选择，如图3-124、图3-125所示。

图 3-124
图 3-125

04 按住Ctrl键，单击"图层0"和"图层1"，将它们选中，如图3-126所示，使用移动工具 ✛ 拖曳到汽车文档中。单击链接图层按钮 ⧉ ，将两个图层链接在一起，如图3-127、图3-128所示。

图 3-126
图 3-127

图 3-128

> **tip** 链接图层后，对其中的一个图层进行移动、旋转等变换操作时，另外一个图层也同时变换，这将在后面的操作中发挥作用。

05 选择"图层3"，将其拖动到"图层1"的下面，如图3-129、图3-130所示。

图 3-129

图 3-130

06 按住Alt键，将光标移放在分隔"图层3"和"图层1"的线上，此时光标显示为 ⬇️□ 状，如图3-131所示，单击鼠标创建剪贴蒙版，如图3-132、图3-133所示。现在放大镜下面显示的是树林图像。

图 3-131
图 3-132

图 3-133

07 选择移动工具 ✛ ，在画面中单击并拖动鼠标，移动"图层3"，放大镜所到之处，显示的都是郁郁葱葱的树林，传达着环保的心愿，希望沙漠变为绿洲，如图3-134、如图3-135所示。

图 3-134

图 3-135

3.10 图层蒙版实例：眼中"盯"

01 打开素材，如图3-136所示。按Ctrl+J快捷键复制"背景"图层，如图3-137所示。

图3-136　　　　　　　　　图3-137

02 按Ctrl+T快捷键显示定界框，按住Alt键拖动控制点，将图像在保持中心点位置不变的基础上等比例缩小，如图3-138所示，按Enter键确认操作。单击"图层"面板中的"图层蒙版"按钮 �', 为"图层1"添加蒙版，如图3-139所示。

图3-138　　　　　　　　　图3-139

03 选择画笔工具 ✏️，在工具选项栏中选择一个柔角笔尖，如图3-140所示，按D键将前景色设置为黑色，在第二个眼睛周围涂抹，如图3-141、图3-142所示。

图3-140　　　　　　　　　图3-141

图3-142

> **tip** 在处理细节时，可以按 [键将笔尖调小，仔细修改。如果有涂抹过头的区域，还可以按X键，将前景色切换为白色，用白色涂抹可以恢复图像。

04 仔细涂抹眼睛周边的图像。在图层蒙版中，黑色会遮盖图层中的图像内容，因此，画笔涂抹过的区域就会被隐藏，这样就得到了眼睛中还有眼睛的奇特图像，如图3-143、图3-144所示。

图3-143　　　　　　　　　图3-144

3.11 应用案例：制作双重曝光效果海报

01 打开素材，如图3-145、图3-146所示。使用移动工具 ✛ 将风景素材拖入人物文档中，设置混合模式为"正片叠底"，如图3-147、图3-148所示。

> **tip** 多重曝光是摄影中采用两次或者更多次独立曝光，然后将它们重叠起来，组成一张照片的技术。多重曝光可以展现双重或多重影像，具有独特的魅力。下面我们利用混合模式与图像合成方法，制作多重曝光效果。

图3-145　　　　图3-146　　　　图3-147　　　　图3-148

02 单击"图层"面板底部的 �', 按钮，创建蒙版。使用画笔工具 ✏️（柔角为150像素）在图像下方涂抹黑色，主要是将人物面部以外的湖水隐藏，如图3-149、图3-150所示。

图 3-149

图 3-150

03 设置画笔工具 ✐ 的不透明度为20%。在画面上方涂抹，由于设置了不透明度，此时涂抹的颜色为灰色，蒙版中的灰色可使图像呈现半透明的效果。在鼻子和嘴唇的位置也涂抹一些灰色，如图3-151、图3-152所示。

图 3-151

图 3-152

04 单击"调整"面板中的 ▣ 按钮，创建"可选颜色"调整图层，在"颜色"下拉列表中分别选择"红色""黄色""白色"和"灰色"选项，分别对这几种颜色进行调整，如图3-153~图3-156所示，使画面效果通透，色彩清新，如图3-157所示。

图 3-153   图 3-154   图 3-155

图 3-156   图 3-157

3.12 课后作业：练瑜伽的汪星人

本章学习了图层与蒙版的操作方法。下面通过课后作业来强化学习效果。如果有不清楚的地方，请看一下视频教学录像。

本章的作业是制作一只练瑜伽的狗狗，素材是一只正常站立的狗狗。操作时首先通过图层蒙版，将小狗的后腿和尾巴隐藏，再复制一个"小狗"图层，按Ctrl+T快捷键显示定界框，拖动控制点将小狗旋转并缩小；创建图层蒙版，这个图层只保留狗狗的一条后腿，其余部分全部隐藏。

实例效果   素材   最终的图层结构

3.13 复习题

1. 从图层原理的角度看，图层的重要性体现在哪几个方面？

2. "图层"面板、绘画和修饰工具的工具选项栏、"图层样式"对话框、"填充"命令、"描边"命令、"计算"和"应用图像"命令等都包含混合模式选项，请归类并加以分析。

3. 矢量蒙版、剪贴蒙版和图层蒙版有何不同？

4. 混合颜色带的哪种特性是其他蒙版都无法实现的？

选区则具有一定的难度，这主要表现在两个方面，一是选区的用途很广，简单的操作如变换、变形、调色等，复杂的操作如抠图、影像合成和特效等，都有可能用到选区；二是用于制作选区的工具比较多，如选框工具、套索工具、钢笔工具、路径、蒙版和通道等，由这些工具又会派生出很多种选择方法，因而，对于操作者综合运用Photoshop各种工具的能力有一定的要求。通道是Photoshop最核心、也是最难的功能之一。它的重要性在于，所有选区、修图、调色等操作其原理和最终结果都是通道发生了改变。通道有3个主要用途：保存选区、色彩信息和图像信息。

扫描二维码，关注李老师的微博、微信。

4.1 关于书籍装帧设计

书籍装帧设计是指从书籍文稿到成书出版的整个设计过程，包括书籍的开本、装帧形式、封面、腰封、字体、版面、色彩和插图，以及纸张材料、印刷、装订及工艺等各个环节的艺术设计。它是完成从书籍形式的平面化到立体化的过程，包含了艺术思维、构思创意和技术手法的系统设计。图4-1、图4-2所示为书籍各部分的名称。

图4-1   图4-2

名称	内容	名称	内容
封套	外包装，保护书册的作用	护封	装饰与保护封面
封面	书的面子，分封面和封底	书脊	封面和封底当中书的脊柱
环衬	连接封面与书心的衬页	空白页	签名页、装饰页
资料页	与书籍有关的图形资料、文字资料	扉页	书名页，正文从此开始
前言	包括序、编者的话、出版说明	后语	跋、编后记
目录页	具有索引功能，大多安排在前言之后正文之前的篇、章、节的标题和页码等文字	版权页	包括书名、出版单位、编著者、开本、印刷数量和价格等有关版权信息的页面
书心	包括环衬、扉页、内页、插图页、目录页和版权页等		

4.2 创建选区

选区是指使用选择工具和命令创建的可以限定操作范围的区域。创建和编辑选区是图像处理的首要工作，无论是图像修复、色彩调整，还是影像合成，都与选区有着密切的关系。

4.2.1 认识选区

在Photoshop中处理局部图像时，首先要指定编辑操作的有效区域，即创建选区。例如，图4-3所示为一张荷花照片，如果想要修改荷花的颜色，就要先通过选区将荷花选中，再调整颜色。选区可以将编辑限定在一定的区域内，这样就可以处理局部图像而不会影响其他内容了，如图4-4所示。如果没有创建选区，则会修改整张照片的颜色，如

图4-5所示。选区还有一种用途，就是可以分离图像。例如，如果要为荷花换一个背景，就要用选区将它选中，再将其从背景中分离出来，然后置入新的背景，如图4-6所示。

图4-3   图4-4

图4-5   图4-6

在Photoshop中可以创建两种选区，普通选区和羽化的选区。普通选区具有明确的边界，使用它选出的图像边界清晰、准确，如图4-7所示；使用羽化的选区选出的图像，其边界会呈现逐渐透明的效果，如图4-8所示。

图4-7   图4-8

4.2.2 创建几何形状选区

矩形选框工具 [.] 可以创建矩形和正方形选区，椭圆选框工具 ○ 可以创建椭圆形和圆形选区。这两个工具的使用方法都很简单，只需在画面中单击并拖出一个矩形或椭圆选框，然后放开鼠标即可，如图4-9、图4-10所示。

tip 在创建选区时，按住Shift键操作，可创建正方形或圆形选区；按住Alt键操作，将以鼠标的单击点为中心向外创建选区；按住Shift+Alt快捷键，可由单击点为中心向外创建正方形或圆形选区。此外，在创建的过程中，按住空格键拖动鼠标，可以移动选区。

图4-9   图4-10

4.2.3 创建非几何形状选区

多边形套索工具 ▷ 可以创建由直线连接成的选区，如图4-11所示。选择该工具后，在画面中单击鼠标，然后移动鼠标至下一点上单击，连续执行以上操作，最后在起点处单击可封闭选区，也可以在任意的位置双击，Photoshop会在该点与起点处连接直线来封闭选区。

套索工具 ⌀ 可以创建比较随意的选区，如图4-12所示。使用该工具时，需要在画面中单击，并按住鼠标左键徒手绘制选区，在到达起点时放开鼠标，即可创建一个封闭的选区，如果在中途放开鼠标，则会用一条直线来封闭选区。

图4-11   图4-12

tip 使用套索工具 ⌀ 时，按住Alt键，松开鼠标左键，在其他区域单击，可切换为多边形套索工具 ▷ 绘制直线。如果要恢复为套索工具 ⌀，可单击并拖动鼠标，然后放开Alt键继续拖动鼠标。使用多边形套索工具 ▷ 时，按住Alt键单击并拖动鼠标，可切换为套索工具 ⌀；放开Alt键，然后在其他区域单击，可恢复为多边形套索工具 ▷。

4.2.4 磁性套索工具

磁性套索工具 ▷ 具有自动识别对象边缘的功能，使用它可以快速选取边缘复杂、但与背景对比清晰的图像。

选择该工具后，在需要选取的图像边缘单击，然后放开鼠标按键，沿着对象的边缘移动鼠标，Photoshop 会在光标经过处放置一定数量的锚点来连接选区，如图 4-13 所示。如果想要在某一位置放置一个锚点，可以在该处单击，如果锚点的位置不准确，则可以按 Delete 键将其删除，连续按 Delete 键，可依次删除前面的锚点，如图 4-14 所示。如果要封闭选区，只需将光标移至起点处单击即可，如图 4-15 所示。

图 4-13

图 4-14

图 4-15

4.2.5 魔棒工具

魔棒工具 🪄 能够基于图像中色调的差异建立选区，它的使用方法非常简单，只需在图像上单击，Photoshop 就会选择与单击点色调相似的像素。例如，图 4-16、图 4-17 所示是使用魔棒工具 🪄 选择背景，然后反转选区选择的人物。

图 4-16

图 4-17

在魔棒工具 🪄 的选项栏中，有控制工具性能的重要选项，如图 4-18 所示。

取样大小：取样点 ∨　容差：35　☑消除锯齿　☑连续　☐对所有图层取样　选择主体　选择并遮住...

图 4-18

- 取样大小：用来设置魔棒工具的取样范围。选择"取样点"，可对光标所在位置的像素进行取样；选择"3×3平均"，可对光标所在位置 3 个像素区域内的平均颜色进行取样。其他选项以此类推。

- 容差：用来设置选取的颜色范围，该值越高，包含的颜色范围越广。图 4-19 所示是设置容差值为 32 时创建的选区，此时可选择到比单击点高 32 个灰度级别和低 32 个灰度级别的像素，图 4-20 所示是设置该值为 10 时创建的选区。

- 消除锯齿：选择该选项后，可在选区边缘 1 个像素宽的范围内，添加与周围图像相近的颜色，使边缘颜色的过渡柔和，从而消除锯齿。图 4-21 所示是在未消除锯齿的状态下选取出来的图像（局部的放大效果），图 4-22 所示是消除锯齿后选出的图像。

- 连续：勾选该选项后，仅选择颜色连接的区域，如图 4-23 所示。取消勾选，则可以选择与单击点颜色相近的所有区域，包括没有连接的区域，如图 4-24 所示。

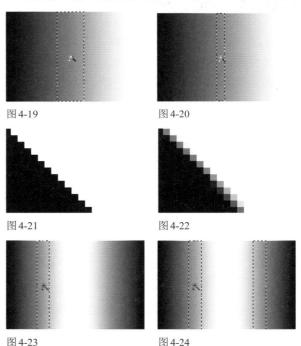
图 4-19　　　　　　　图 4-20

图 4-21　　　　　　　图 4-22

图 4-23　　　　　　　图 4-24

- 对所有图层取样：勾选该选项后，可以选择所有可见图层颜色相近的区域；取消勾选该项，则仅选取当前图层颜色相近的区域。

- 选择主体：可以选择图像中突出的主体。

- 选择并遮住：集选区编辑和抠图功能于一身，可以对选区进行羽化、扩展、收缩和平滑处理；还能有效识别透明区域、毛发等细微对象。

4.2.6 快速选择工具

快速选择工具 的图标是一只画笔＋选区轮廓，这说明它的使用方法与画笔工具类似。该工具能够利用可调整的圆形画笔笔尖快速"绘制"选区，也就是说，可以像绘画一样涂抹出选区。在拖动鼠标时，选区还会向外扩展，并自动查找和跟随图像中定义的边缘，如图4-25、图4-26所示。

图4-25　　　　　　　　　图4-26

4.3 编辑选区

创建选区以后，往往要对其进行加工和编辑，才能使选区符合要求。

4.3.1 全选与反选

执行"选择"|"全部"命令，或按Ctrl+A快捷键，可以选择当前文档边界内的全部图像，如图4-27所示。创建选区之后，如图4-28所示，执行"选择"|"反向"命令，或按Shift+Ctrl+I快捷键，可以反转选区，如图4-29所示。

图4-27　　　　　　图4-28　　　　　　图4-29

4.3.2 取消选择与重新选择

创建选区以后，执行"选择"|"取消选择"命令，或按Ctrl+D快捷键，可以取消选择。如果要恢复被取消的选区，可以执行"选择"|"重新选择"命令。

4.3.3 对选区进行运算

选区运算是指在画面中存在选区的情况下，使用选框工具、套索工具和魔棒工具等创建新选区时，在新选区与现有选区之间进行运算，生成新的选区。图4-30所示为工具选项栏中的选区运算按钮。

图4-30

● 新选区 □：单击该按钮后，如果图像中没有选区，可以创建一个选区，图4-31所示为创建的矩形选区；

如果图像中有选区存在，则新创建的选区会替换原有的选区。

● 添加到选区 ：单击该按钮后，可在原有选区的基础上添加新的选区，图4-32所示为在现有矩形选区基础之上添加的圆形选区。

● 从选区减去 ：单击该按钮后，可在原有选区（矩形选区）中减去新创建的选区（圆形选区），如图4-33所示。

● 与选区交叉 ：单击该按钮后，画面中只保留原有选区（矩形选区）与新创建的选区（圆形选区）相交的部分，如图4-34所示。

图4-31　　　　　　　　　图4-32

图4-33　　　　　　　　　图4-34

tip 创建选区以后，如果"新选区"按钮 □ 为按下状态，则使用选框、套索和魔棒工具时，只要将光标放在选区内，单击并拖动鼠标，即可移动选区。如果要轻微移动选区，可以按键盘中的→、←、↑、↓键。

4.3.4 对选区进行羽化

创建选区以后，如图4-35所示，执行"选择"|"修改"|"羽化"命令，打开"羽化选区"对话框，通过"羽化半径"可以控制羽化范围的大小；如图4-36所示，图4-37所示为使用羽化后的选区选取的图像。

图4-35

图4-36　　　　　　　　图4-37

4.3.5 存储与载入选区

创建选区后，单击"通道"面板底部的"将选区存储为通道"按钮 ◘ ，Photoshop 会将选区保存到 Alpha 通道中，如图4-38所示。如果要从通道中调出选区，可以按住 Ctrl 键，单击 Alpha 通道，如图4-39、图4-40所示。

图4-38　　　　　　　　图4-39

图4-40

4.4 选区实例：手撕字

01 打开素材，如图4-41所示。单击"图层"面板底部的 🔲 按钮，新建一个图层，如图4-42所示。

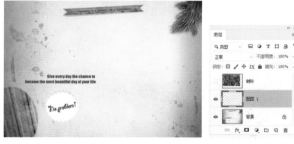

图4-41　　　　　　　　图4-42

02 选择套索工具 ⌀ ，在画面中单击并拖动鼠标绘制选区，将光标移至起点处，放开鼠标按键可以封闭选区，如图4-43、图4-44所示。

图4-43　　　　　　　　图4-44

03 按Alt+Delete快捷键，在选区内填充前景色，如图4-45所示。按Ctrl+D快捷键取消选择。采用同样的方法，在"c"字母右侧绘制字母"h"选区，并填色（按Alt+Delete快捷键），如图4-46所示。按Ctrl+D快捷键取消选择。

图4-45　　　　　　图4-46

04 下面通过选区运算制作字母"e"的选区。先创建图4-47所示的选区；然后按住Alt键创建图4-48所示的选区；放开鼠标按键后，这两个选区即可进行运算，从而得到字母"e"的选区，如图4-49所示。按Alt+Delete快捷键填充颜色，然后按Ctrl+D快捷键取消选择，如图4-50所示。

图4-47　　　　　　图4-48

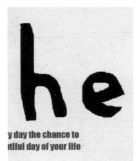

图4-49　　　　　　图4-50

05 使用套索工具 ♀，在字母"e"外侧创建选区，选中该文字，如图4-51所示。将光标放在选区内，按住Alt+Ctrl+Shift快捷键单击并向右侧拖动，复制文字，如图4-52所示。

图4-51　　　　　　图4-52

06 采用同样的方法，分别制作其他文字，如图4-53所示。单击"树叶"图层，选择该图层；然后在其前方单击，让眼睛图标 ◉ 显示出来（即显示该图层），如图4-54所示。

图4-53　　　　　　图4-54

07 按Alt+Ctrl+G快捷键，创建剪贴蒙版，如图4-55、图4-56所示。

图4-55　　　　　　图4-56

4.5 选区实例：春天的色彩

01 打开素材，如图4-57所示。选择魔棒工具 ✎，在工具选项栏中将"容差"设置为32，在白色背景上单击，选中背景，如图4-58所示。按住Shift键，在漏选的背景上单击，将其添加到选区中，如图4-59、图4-60所示。

图4-57　　　　　　图4-58

图4-59　　　　　　　　图4-60

02 执行"选择"|"反向"命令反转选区,选中手、油漆桶和油漆,如图4-61所示。按Ctrl+C快捷键复制图像。打开另一个文件,按Ctrl+V快捷键,将图像粘贴到该文档中,使用移动工具 ✛ 将其拖动到画面的右上角,如图4-62所示。

图4-61　　　　　　　　图4-62

03 单击"图层"面板底部的 ■ 按钮,添加蒙版。选择画笔工具 ✔,在工具选项栏中选择柔角笔尖,并设置不透明度为50%,在油漆底部涂抹,通过蒙版将其遮盖,如图4-63、图4-64所示。

图4-63　　　　　　　　图4-64

04 选择"背景"图层,如图4-65所示。使用矩形选框工具 ⬚ 创建选区,如图4-66所示。

图4-65　　　　　　　　图4-66

05 单击"调整"面板中的 ■ 按钮,创建一个"色相/饱和度"调整图层,在"属性"面板中选择"黄色"选项,将选中的树叶调整为红色,如图4-67、图4-68所示。

图4-67　　　　　　　　图4-68

06 使用画笔工具 ✔ 在草地上涂抹黑色,通过蒙版遮盖调整效果,以便让草地恢复为黄色,如图4-69、图4-70所示。

图4-69　　　　　　　　图4-70

4.6 选区实例：城市里的鲨鱼

01 打开素材，如图4-71所示。使用快速选择工具![icon]在鲨鱼身上拖曳鼠标，将鲨鱼选取，如图4-72所示。

图4-71

图4-72

02 使用该工具可以轻松地检索到鱼身的大面积区域，然后创建选区，但细小的鱼鳍容易被忽略，如图4-73所示。单击工具选项栏中的![icon]按钮，按 [键，将笔尖宽度调到与鱼鳍相近，如图4-74所示，沿鱼鳍拖曳鼠标，将其选取，如图4-75所示。

图4-73

图4-74

图4-75

03 单击"选择并遮住"按钮，在"属性"面板中将视图模式设置为"黑白"，选中"智能半径"复选项，设置"半径"为8像素，如图4-76所示。设置"平滑"为2，以减少选区边缘的锯齿。设置"对比度"为23%，使选区更加清晰明确，如图4-77所示。鲨鱼内部靠近轮廓处还有些许灰色，如图4-78所示，表示没有完全选取，用快速选择工具![icon]在这些位置单击，将它们添加到选区中，如图4-79所示。

图4-76

图4-77

图4-78

图4-79

04 选择"图层蒙版"选项，如图4-80所示，按Enter键抠图，如图4-81、图4-82所示。

图4-80

图4-81

图4-82

05 打开素材，如图4-83所示。使用移动工具![icon]将鲨鱼拖入该文档中，如图4-84所示。

图 4-83　　　　图 4-84

06 单击"调整"面板中的 ☀ 按钮，创建一个"亮度/对比度"调整图层，降低亮度，增加对比度，使鲨鱼的色调更加清晰，如图4-85、图4-86所示。

图 4-85　　　　图 4-86

4.7　通道

通道用来保存图像的颜色信息和选区。相对于其他功能来说，通道的概念较为抽象，但在抠图、调色和特效制作方面，通道却有着特别的优势，因此学好通道是非常必要的。

4.7.1　通道的种类

Photoshop 中包含3种类型的通道，即颜色通道、专色通道和Alpha通道。打开一个图像时，Photoshop会自动创建颜色信息通道，如图4-87、图4-88所示。

图 4-87

图 4-88

- 复合通道：复合通道是红、绿和蓝色通道组合的结果。编辑复合通道时，会影响所有颜色通道。
- 颜色通道：颜色通道就像是摄影胶片，它们记录了图像内容和颜色信息。图像的颜色模式不同，颜色通道的数量也不相同。例如，RGB图像包含红、绿、蓝和一个用于编辑图像内容的复合通道；CMYK图像包含青色、洋红、黄色、黑色和一个复合通道。
- 专色通道：专色通道用来存储专色。专色是特殊的预混油墨，例如金属质感的油墨、荧光油墨等，它们用于替代和补充普通的印刷油墨。专色通道的名称直接显示为油墨的名称（例如，图4-88所示的通道内的专色名称）。
- Alpha 通道：Alpha 通道有3种用途，一是用于保存选区；二是可以将选区存储为灰度图像，这样就能够用画笔、加深、减淡等工具及各种滤镜，通过编辑 Alpha 通道来修改选区；三是可以从 Alpha 通道中载入选区。

4.7.2　通道的基本操作

- 选择通道：单击"通道"面板中的一个通道，即可选择该通道，文档窗口中会显示所选通道的灰度图像，如图4-89所示。按住 Shift 键单击其他通道，可以选择多个通道，此时窗口中会显示所选颜色通道的复合信息。
- 返回到RGB复合通道：选择通道后，可以使用绘画工具和滤镜对它们进行编辑。当编辑完通道后，如果想要返回到默认的状态来查看彩色图像，可以单击RGB复合通道，这时，所有颜色通道重新被激活，如图4-90所示。

图4-89

图4-90

● 复制与删除通道：将一个通道拖动到"通道"面板底部的 🖿 按钮上，可以复制该通道。将一个通道拖动到 🗑 按钮上，则可删除该通道。复合通道不能复制，也不能删除。颜色通道可以复制，但如果删除了，图像就会自动转换为多通道模式。

4.7.3 通道与选区的关系

Alpha通道可以保存选区。选区在Alpha通道中是一种与图层蒙版类似的灰度图像，因此，可以像编辑蒙版或其他图像那样，使用绘画工具、调整工具、滤镜、选框和套索工具，甚至矢量的钢笔工具来编辑它，而不必仅仅局限于原有的选区编辑工具（如套索、"选择"菜单中的命令）。也就是说，有了Alpha通道，几乎所有的抠图工具、选区编辑命令、图像编辑工具都能用于编辑选区。

在Alpha通道中，白色代表了可以被完全选中的区域；灰色代表了可以被部分选中的区域，即羽化的区域；黑色代表了位于选区之外的区域。例如，图4-91所示为使用Alpha通道中的选区抠出的图像。如果要扩展选区范围，可以用画笔等工具在通道中涂抹白色；如果要增加羽化范围，可以涂抹灰色；如果要收缩选区范围，则涂抹黑色。

图4-91

再来看一个用通道抠冰雕的范例，如图4-92所示。观察它的通道，如图4-93~图4-95所示，可以看到，绿通道中冰雕的轮廓最明显。

RGB图像　　　　　　　　红通道

图4-92　　　　　　　　　图4-93

绿通道　　　　　　　　　蓝通道

图4-94　　　　　　　　　图4-95

对该通道应用"计算"命令，混合模式设置为"正片叠底"，如图4-96所示。可以看到，绿通道经过混合之后，冰雕的细节更加丰富了，与背景的色调对比更加清晰了，如图4-97所示。图4-98、图4-99所示为抠出后的冰雕。

图4-96

图4-97

图4-98

图4-99

4.7.4 通道与色彩的关系

图像的颜色信息保存在通道中，因此，使用任何一个调色命令调整颜色时，都是通过通道来影响色彩的。在颜色通道中，灰色代表了一种颜色的含量，明亮的区域表示包含大量对应的颜色，暗的区域表示对应的颜色较少，如图4-100所示。如果要在图像中增加某种颜色，可以将相应的通道调亮；要减少某种颜色，将相应的通道调暗即可。"色阶"和"曲线"对话框中都包含通道选项，可以选择一个通道，调整它的明度，从而影响颜色。例如，将红通道调亮，可以增加红色，如图4-101所示；将红通道调暗，则减少红色，如图4-102所示。将绿通道调亮，可以增加绿色；调暗则减少绿色。将蓝通道调亮，可以增加蓝色；调暗则减少蓝色。

图4-100

图4-101

图4-102

在颜色通道中，色彩是互相影响的，增加一种颜色含量的同时，还会减少它的补色的含量；反之，减少一种颜色的含量，就会增加它的补色的含量。例如，将红色通道调亮，可增加红色，并减少它的补色青色；将红色通道调暗，则减少红色，同时增加青色。其他颜色通道也是如此。图4-103、图4-104所示的色轮和色相环显示了颜色的互补关系，处于相对位置的颜色互为补色，如洋红与绿、黄与蓝。

图4-103

图4-104

4.8 通道实例：制作时尚印刷效果

01 打开素材，如图4-105所示。单击"绿"通道，如图4-106所示，选取该通道，单击"通道"面板底部的 🗑 按钮，弹出一个对话框，单击"是"按钮，将该通道删除。图像会自动转换为多通道模式，如图4-107所示。不仅通道数量减少，颜色也会发生改变，如图4-108所示。

图4-105   图4-106

图4-107   图4-108

02 选择移动工具 ✛ ，此时"青色"通道处于当前选取状态，在窗口中单击并向右下方拖曳，使它与后方的黄色通道图像形成错位效果，如图4-109所示。

图4-109

03 执行"滤镜"|"锐化"|"USM锐化"命令，对通道图像进行锐化处理，使细节更加清晰，如图4-110、图4-111所示。

图4-110   图4-111

4.9 课后作业：愤怒的小鸟

本章学习了选区与通道的操作方法。下面通过课后作业来强化学习效果。如果有不清楚的地方，请看一下视频教学录像。

右图是用各种食材制作的愤怒的小鸟。操作时主要用到椭圆选框工具 ◯ 和多边形套索工具 ✦ 选取素材，再用移动工具 ✛ 将其合成到一处。用素材造型时要抓住小鸟的特征，如圆圆、大大的眼睛，竖起的眉毛等，如果素材大小不合适，可以按Ctrl+T快捷键，再拖动控制点调整大小。

愤怒的小鸟   分层的素材

4.10 复习题

1. 选区分为几种？

2. 通道的主要用途有几种？

3. 怎样将选区保存为Alpha通道？

5.1　关于摄影后期处理

使用数码相机完成拍摄以后，总会有一些遗憾和不尽如人意的地方，如普通用户会发现照片的曝光不准、缺少色调层次、ISO设置过高出现杂色、美丽的风景中有多余的人物、照片颜色灰暗色彩不鲜亮、人物脸上的痘痘和雀斑影响美观等；专业的摄影师或影楼工作人员会面临照片的影调需要调整、人像需要磨皮和修饰、色彩风格需要表现、艺术氛围需要营造等难题……这一切都可以通过后期处理来解决。

后期处理不仅可以解决数码照片中出现的各种问题，也为摄影师和摄影爱好者提供了二次创作的机会和可以发挥创造力的大舞台。传统的暗房会受到许多摄影技术条件的限制和影响，无法制作出完美的影像。计算机的出现给摄影技术带来了革命性的突破，通过计算机可以完成过去无法用摄影技法实现的创意。图5-1、图5-2所示为巴西艺术家 Marcela Rezo 的摄影后期作品。

图 5-1　　　　　　　　图 5-2

图5-3所示为瑞典杰出视觉艺术家埃里克·约翰松的摄影后期作品。图5-4所示为法国天才摄影师 Romain Laurent 的作品，他的广告创意摄影与时装编辑工作非常出色，润饰技巧让人叹为观止。

图 5-3　　　　　　　　　　　　　　　　图 5-4

学习重点　照片修饰工具/59　　缔造完美肌肤/P61　　曲线/P65
用液化滤镜修出精致美人/P60　　调色命令与调整图层/P63　　用CameraRaw调整照片/P69

5.2 照片修图工具

　　Photoshop 提供的仿制图章、修复画笔、污点修复画笔、修补和加深等工具，可以完成复制图像内容、消除瑕疵、调整曝光，以及进行局部的锐化和模糊等一系列修图工作。

5.2.1 照片修饰工具

● 仿制图章工具🔒：可以从图像中拷贝信息，将其应用到其他区域或其他图像中，常用于复制图像，或去除照片中的缺陷。选择该工具后，在要拷贝的图像区域按住 Alt 键单击进行取样，然后放开 Alt 键，在需要修复的区域涂抹即可。例如，图5-5、图5-6所示为使用该工具将女孩身后多余的人像去除。

图5-5　　　　　　　图5-6

● 修复画笔工具✎：与仿制工具类似，也可以利用图像样本来绘画。但该工具可以从被修饰区域的周围取样，并将样本的纹理、光照、透明度和阴影等，与所修复的像素匹配，在去除照片中的污点和划痕时，人工痕迹不明显。例如，图5-7所示为一张人像照片的局部，将光标放在眼角附近没有皱纹的皮肤上，按住 Alt 键单击进行取样，放开 Alt 键后，在眼角的皱纹处单击并拖动鼠标，即可将皱纹抹除，如图5-8所示。

图5-7　　　　　　　图5-8

● 污点修复画笔工具✎：在照片中的污点、划痕等处单击，即可快速去除不理想的部分，如图5-9、图5-10所示。它与修复画笔的工作方式类似，也是使用图像样本进行绘画，并将样本像素的纹理、光照、透明度和阴影与所修复的像素相匹配。

图5-9　　　　　　　图5-10

● 修补工具⬦：与修复画笔工具类似，该工具可以用其他区域中的像素修复选中的区域，并将样本像素的纹理、光照和阴影与源像素进行匹配。它的特别之处是需要用选区来定位修补范围。在工具选项栏中将"修补"设置为"正常"后，选择"目标"选项，在图像上建立选区，如图5-11所示，将光标放在选区内单击并拖动，可复制出新的人物，如图5-12所示。选择"源"选项，移动选区到指定位置后，会对原图像进行覆盖，如图5-13所示。

图5-11

图5-12　　　　　　　图5-13

● 内容感知移动工具✄：用该工具将选中的对象移动或扩展到其他区域后，可以重组和混合对象，产生出色的视觉效果。图5-14所示为使用该工具选取的图像，在工具选项栏中将"模式"设置为"移动"后，将光标放在选区内单击，并将人物移动到新位置，Photoshop会自动填充空缺的部分，如图5-15所示；如果将"模式"设置为"扩展",则可复制出新的人物,如图5-16所示。

图5-14

图5-15

图5-16

● 红眼工具 ✛☉:在红眼区域上单击即可校正红眼。该工具可以去除用闪光灯拍摄的人物照片中的红眼,以及动物照片中出现的白色或绿色反光。

5.2.2 照片曝光调整工具

在调节照片特定区域曝光度的传统摄影技术中,摄影师通过增加曝光度,以使照片中的某个区域变亮(减淡),或减弱光线使照片中的区域变暗(加深)。减淡工具 🔎 和加深工具 ✎ 正是基于这种技术,可用于处理照片的局部曝光。例如,图5-17所示为一张照片原片,图5-18所示为使用减淡工具 🔎 处理后的效果,图5-19所示为使用加深工具 ✎ 处理后的效果。

图5-17   图5-18   图5-19

5.2.3 照片模糊和锐化工具

模糊工具 ○ 可以柔化图像,减少细节,创建景深效果,图5-20、图5-21所示为原图,以及用该工具处理后的效果。锐化工具 △ 可以增强相邻像素之间的对比,提高图像的清晰度,如图5-22所示。这两个工具适合处理小范围内的图像细节,如果要对整幅图像进行处理,可以使用"模糊"和"锐化"滤镜。

图5-20   图5-21   图5-22

5.3 修图实例:用液化滤镜修出精致美人

01 打开素材,按Ctrl+J快捷键复制"背景"图层。执行"滤镜"|"液化"命令,打开"液化"对话框,选择膨胀工具 ✛,设置大小、密度和速率,如图5-23所示。

图5-23

02 将光标放在左眼上,光标的十字中心对齐眼球的位置,如图5-24所示,单击两次鼠标,将眼睛放大,如图5-25所示。用同样的方法放大右眼,如图5-26所示。

图5-24   图5-25   图5-26

03 选择褶皱工具 🧽,将光标放在鼻尖位置,如图5-27所示单击鼠标,缩小鼻子,如图5-28所示,在嘴唇上单击,降低嘴唇的厚度,如图5-29所示。

图 5-27　　　　　图 5-28　　　　　图 5-29　　　　　　　　图 5-30　　　　　图 5-31　　　　　图 5-32

原图　　　　　　　　　　修饰后的效果
图 5-33　　　　　　　　　图 5-34

04 选择向前变形工具 ，将光标放在脸颊上，如图5-30所示，单击并向斜上方拖曳鼠标，提拉面部肌肉，如图5-31所示，使脸型的轮廓更完美，如图5-32所示。

05 按 [键将画笔调小，修饰一下眼角、鼻翼和嘴角的形状，如图5-33、图5-34所示。

5.4　磨皮实例：缔造完美肌肤

01 打开素材，如图5-35所示。打开"通道"面板，将"绿"通道拖动到面板底部的 按钮上进行复制，得到"绿拷贝"通道，现在文档窗口中显示"绿拷贝"通道中的图像，如图5-36所示。

03 执行"图像"|"计算"命令，打开"计算"对话框，设置混合模式为"强光"，结果为"新建通道"，如图5-39所示，计算以后会生成一个名称为"Alpha 1"的通道，如图5-40、图5-41所示。

图 5-35　　　　　　　　图 5-36

02 执行"滤镜"|"其他"|"高反差保留"命令，设置半径为20像素，如图5-37、图5-38所示。

图 5-39

图 5-37　　　　　　　　图 5-38

图 5-40　　　　　　　　图 5-41

04 再执行一次"计算"命令，得到Alpha 2通道，如图5-42所示。单击"通道"面板底部的 ⊡ 按钮，载入通道中的选区，如图5-43所示。

图 5-42　　　　　　　　　图 5-43

05 按Ctrl+2快捷键返回彩色图像编辑状态，如图5-44所示。按Shift+Ctrl+I快捷键进行反选，如图5-45所示。

图 5-44　　　　　　　　　图 5-45

06 单击"调整"面板中的 按钮，创建"曲线"调整图层。在曲线上单击，添加两个控制点，并向上移动曲线，如图5-46所示，人物的皮肤会变得非常光滑、细腻，如图5-47所示。

图 5-46　　　　　　　　　图 5-47

07 现在人物的眼睛、头发、嘴唇和牙齿等有些过于模糊，需要恢复为清晰效果。选择一个柔角画笔工具 ，在工具选项栏中将不透明度设置为30%，在眼睛、头发等处涂抹黑色，用蒙版遮盖图像，显示出"背景"图层中清晰的图像。图5-48所示为修改蒙版以前的图像，图5-49所示为修改后的蒙版及图像效果。

图 5-48　　　　　　　　　图 5-49

08 下面来处理眼睛中的血丝。选择"背景"图层，如图5-50所示。选择修复画笔工具 ，按住Alt键在靠近血丝处单击，拾取颜色（白色），如图5-51所示，然后放开Alt键，在血丝上涂抹，将其覆盖，如图5-52所示。

图 5-50　　　　图 5-51　　　　图 5-52

09 单击"调整"面板中的 按钮，创建"可选颜色"调整图层，单击"颜色"选项右侧的 按钮，选择"黄色"，通过调整减少画面中的黄色，使人物的皮肤颜色变得粉嫩，如图5-53、图5-54所示。

图 5-53　　　　　　　　　图 5-54

10 按 Alt+Shift+Ctrl+E快捷键，将磨皮后的图像盖印到一个新的图层中，如图5-55所示，按Ctrl+] 快捷键，将它移动到最顶层，如图5-56所示。

11 执行"滤镜"|"锐化"|"USM锐化"命令，对图像进行锐化，使图像效果更加清晰，如图5-57所示。图5-58所示为原图像，图5-59所示为磨皮后的效果。

图5-55　　　　　图5-56　　　　　图5-57　　　　　图5-58　　　　　图5-59

5.5 照片影调和色彩调整工具

Photoshop 提供了大量色彩和色调调整工具，不仅可以对色彩的组成要素——色相、饱和度、明度和色调等进行精确调整，还能对色彩进行创造性的改变。

5.5.1 调色命令与调整图层

Photoshop 的"图像"菜单中包含用于调整色调和颜色的各种命令，如图5-60所示。这其中，一部分常用命令也通过"调整"面板提供给用户，如图5-61所示。因此，可以通过两种方式来使用调整命令，第一种是直接用"图像"菜单中的命令来处理图像，第二种是使用调整图层来应用这些调整命令。这两种方式可以达到相同的调整结果。它们的不同之处在于，"图像"菜单中的命令会修改图像的像素数据，而调整图层则不会修改像素，它是一种非破坏性的调整功能。

图5-61

例如，图5-62所示为原图像，假设要用"色相"|"饱和度"命令调整它的颜色。如果使用"图像"|"调整"|"色相/饱和度"命令来操作，"背景"图层中的像素就会被修改，如图5-63所示。如果使用调整图层操作，则可在当前图层的上面创建一个调整图层，调整命令通过该图层对下面的图像产生影响，调整结果与使用"图像"菜单中的"色相/饱和度"命令完全相同，但下面图层的像素没有任何变化，如图5-64所示。

图5-60

图5-62

图 5-63

图 5-64

使用"调整"命令调整图像后，效果就不能改变了。而调整图层则不然，只需单击它，便可以在"调整"面板中修改参数，如图 5-65 所示。隐藏或删除调整图层，可以使图像恢复为原来的状态，如图 5-66 所示。

图 5-65

图 5-66

5.5.2 Photoshop 调色命令分类

- 调整颜色和色调："色阶"和"曲线"命令可以调整颜色和色调，它们是最重要、最强大的调整命令；"色相/饱和度"和"自然饱和度"命令用于调整色彩；"阴影/高光"和"曝光度"命令只能调整色调。
- 匹配、替换和混合颜色："匹配颜色"、"替换颜色"、"通道混合器"和"可选颜色"命令，可以匹配多个图像之间的颜色，替换指定的颜色，或者对颜色通道做出调整。
- 快速调整图像："自动色调""自动对比度"和"自动颜色"命令，能自动调整图像的颜色和色调，适合

初学者使用；"照片滤镜""色彩平衡"和"变化"是用于调整色彩的命令，使用方法简单且直观；"亮度/对比度"和"色调均化"命令用于调整色调。

- 应用特殊颜色调整："反相""阈值""色调分离"和"渐变映射"是特殊的颜色调整命令，它们可以将图像转换为负片效果、简化为黑白效果、分离色彩，或者用渐变颜色转换图像中原有的颜色。

5.5.3 色阶

"色阶"可以调整图像的阴影、中间调和高光的强度级别，校正色调范围和色彩平衡。打开一张照片，如图 5-67 所示，执行"图像"|"调整"|"色阶"命令，打开"色阶"对话框，如图 5-68 所示。

图 5-67

图 5-68

在"输入色阶"选项组中，阴影滑块位于色阶 0 处，它所对应的像素是纯黑的。如果向右移动阴影滑块，Photoshop 就会将滑块当前位置的像素值映射为色阶"0"。也就是说，滑块所在位置左侧的所有像素都会变为黑色，如图 5-69 所示。高光滑块位于色阶 255 处，它所对应的像素是纯白的。如果向左移动高光滑块，滑块当前位置的像素值就会映射为色阶"255"，因此，滑块所在位置右侧的所有像素都会变为白色，如图 5-70 所示。

图 5-69

图 5-70

图 5-71

图 5-72

中间调滑块位于色阶128处，它用于调整图像中的灰度系数。将该滑块向左侧拖动，可以将中间调调亮，如图5-71所示；向右侧拖动，则可将中间调调暗，如图5-72所示。

"输出色阶"选项组中的两个滑块用来限定图像的亮度范围。向右拖动暗部滑块时，它左侧的色调都会映射为滑块当前位置的灰色，图像中最暗的色调也就不再是黑色了，色调就会变灰；如果向左移动白色滑块，它右侧的色调都会映射为滑块当前位置的灰色，图像中最亮的色调就不再是白色了，色调就会变暗。

5.5.4 曲线

"曲线"是Photoshop中最强大的调整工具，它集"色阶""阈值"和"亮度/对比度"等多个命令的功能于一身。打开一张照片，如图5-73所示，执行"图像"|"调整"|"曲线"命令，打开"曲线"对话框，如图5-74所示。在曲线上单击可以添加控制点，拖动控制点改变曲线的形状，便可以调整图像的色调和颜色。单击控制点可将其选择，按住Shift键单击，可以选择多个控制点。选择控制点后，按Delete键可将其删除。

图 5-73

图 5-74

通过添加点来调整曲线
预设选项
使用铅笔绘制曲线
高光
中间调
黑场滑块
白场滑块
设置黑场
阴影
设置灰场
设置白场

水平的渐变颜色条为输入色阶，它代表了像素的原始强度值，垂直的渐变颜色条为输出色阶，它代表了调整曲线后像素的强度值。调整曲线以前，这两个数值是相同的。在曲线上单击，添加一个控制点，向上拖动该点时，在输入色阶中可以看到图像中正在被调整的色调（色阶128），在输出色阶中可以看到它被Photoshop映射为更浅的色调（色阶168），图像就会因此而变亮，如图5-75所示。

如果向下移动控制点，则Photoshop会将所调整的色调映射为更深的色调（将色阶128映射为色阶65），图像也会因此而变暗，如图5-76所示。

图 5-75

图 5-76

将曲线调整为"S"形,可以使高光区域变亮、阴影区域变暗,从而增强色调的对比度,如图 5-77 所示;反"S"形曲线会降低对比度,如图 5-78 所示。

图 5-77

图 5-78

> tip 整个色阶范围为 0~255,0 代表了全黑,255 代表了全白,因此,色阶数值越高,色调越亮。选择控制点后,按键盘中的方向键(→、←、↑、↓)可轻移控制点。如果要选择多个控制点,可以按住 Shift 键单击它们(选中的控制点为实心黑色)。通常情况下,编辑图像时,只需对曲线进行小幅度的调整,曲线的变形幅度越大,越容易破坏图像。

曲线与色阶既有相同点,也有不同之处。曲线上面有两个预设的控制点,其中,"阴影"可以调整照片中的阴影区域,它相当于"色阶"中的阴影滑块;"高光"可以调整照片的高光区域,它相当于"色阶"中的高光滑块。如果在曲线的中央(1/2 处)单击,添加一个控制点,该点就可以调整照片的中间调,它就相当于"色阶"的中间调滑块,如图 5-79 所示。

图 5-79

然而曲线上最多可以有 16 个控制点,也就是说,

它能够把整个色调范围(0~255)分成 15 段来调整,因此,对于色调的控制非常精确。而色阶只有 3 个滑块,它只能分 3 段(阴影、中间调、高光)调整色阶。因此,曲线对于色调的控制可以做到更加精确,它可以调整一定色调区域内的像素,而不影响其他像素,色阶是无法做到这一点的,这便是曲线的强大之处。

5.5.5 直方图与照片曝光

直方图是一种统计图形,它显示了图像的每个亮度级别的像素数量,展现了像素在图像中的分布情况。调整照片时,可以打开"直方图"面板,通过观察直方图,判断照片阴影、中间调和高光中包含的细节是否足,以便对其做出调整。

在直方图中,左侧代表了图像的阴影区域,中间代表了中间调,右侧代表了高光区域,从阴影(黑色,色阶 0)到高光(白色,色阶 255)共有 256 级色调,如图 5-80 所示。直方图中的山脉代表了图像的数据,山峰则代表了数据的分布方式,较高的山峰表示该区域所包含的像素较多,较低的山峰则表示该区域所包含的像素较少。

图 5-80

● 曝光准确的照片:色调均匀,明暗层次丰富,亮部不会丢失细节,暗部分也不会漆黑一片,如图 5-81 所示。从直方图中可看到,山峰基本在中心,并且从左(色阶 0)到右(色阶 255)每个色阶都有像素分布。

图 5-81

● 曝光不足的照片:图 5-82 所示为曝光不足的照片,画面色调非常暗。在它的直方图中,山峰分布在直方图左侧,中间调和高光都缺少像素。

● 曝光过度的照片:图 5-83 所示为曝光过度的照片,画面色调较亮,人物的皮肤、衣服等高光区域都失去了层

次。在它的直方图中，山峰整体都向右偏移，阴影缺少像素。

图 5-82

图 5-83

● 反差过小的照片：图5-84所示为反差过小的照片，照片是灰蒙蒙的。在它的直方图中，两个端点出现空缺，说明阴影和高光区域缺少必要的像素，图像中最暗的色调不是黑色，最亮的色调不是白色，该暗的地方没有暗下去，该亮的地方也没有亮起来，所以照片是灰蒙蒙的。

图 5-84

● 暗部缺失的照片：图5-85所示为暗部缺失的照片，头发的暗部漆黑一片，没有层次，也看不到细节。在它的直方图中，一部分山峰紧贴直方图左端，它们就是全黑的部分（色阶为0）。

图 5-85

● 高光溢出的照片：图5-86所示为高光溢出的照片，衣服的高光区域完全变成了白色，没有任何层次。在它的直方图中，一部分山峰紧贴直方图右端，它们就是全白的部分（色阶为255）。

图 5-86

5.6 调色实例：用Lab模式调出唯美蓝调与橙调

　　Lab模式是色域最宽的颜色模式，RGB和CMYK模式都在它的色域范围之内。调整RGB和CMYK模式图像的通道时，不仅会影响色彩，还会改变颜色的明度。Lab模式则完全不同，它可以将亮度信息与颜色信息分离开来，因此，可以在不改变颜色亮度的情况下调整颜色的色相。许多高级技术都是通过将图像转换为Lab模式，再处理图像，以实现RGB图像调整所达不到的效果。

01 打开一张照片，如图5-87所示。执行"图像"|"模式"|"Lab颜色"命令，将图像转换为Lab模式。执行"图像"|"复制"命令，复制一个图像备用。

02 单击a通道，将它选中，如图5-88所示，按Ctrl+A快捷键全选，如图5-89所示，按Ctrl+C快捷键复制。

图 5-87

图 5-88

图 5-89

03 单击b通道，如图5-90所示，窗口中会显示b通道图像，如图5-91所示。按Ctrl+V快捷键，将复制的图像粘贴到通道中，按Ctrl+D快捷键取消选择，按Ctrl+2快捷键显示彩色图像，蓝调效果就实现了，如图5-92所示。

图 5-90　　　　　图 5-91

图 5-92

04 按Ctrl+U快捷键，打开"色相/饱和度"对话框，增加画面中青色的饱和度，如图5-93、图5-94所示。

图 5-93　　　　　图 5-94

05 橙调与蓝调的制作方法正好相反。按Ctrl+F6快捷键切换到另一个文档，选择b通道，如图5-95所示，按Ctrl+A快捷键全选，复制后选择a通道，如图5-96所示，将其粘贴到a通道中，效果如图5-97所示。

图 5-95　　　　　图 5-96

图 5-97

5.7 调色实例：用动作自动处理照片

在 Photoshop 中，动作可以将图像的处理过程记录下来，以后对其他图像进行相同的处理时，通过该动作，便可自动完成操作任务。

01 打开素材，如图5-98所示。单击"动作"面板右上角的 ≡ 按钮，打开面板菜单，选择"载入动作"命令，如图5-99所示。

02 在弹出的对话框中选择"光盘"|"资源库"|"照片处理动作库"中的"Lomo风格1"动作，如图5-100所示，单击"载入"按钮，将其加载到"动作"面板中，如图5-101所示。

图 5-98　　　　　图 5-99

图 5-100

图 5-101

图 5-102

图 5-103

03 单击动作组前面的 ❯ 按钮，展开列表，然后单击其中的动作，如图5-102所示。单击面板底部的"播放选定的动作"按钮 ▶，播放该动作，即可自动将照片处理为Lomo效果，如图5-103所示。光盘的动作库中包含了很多流行的调色效果，用它们处理照片，既省时又省力。

tip 如果要录制动作，可以单击"动作"面板中的"创建新组"按钮 □，创建一个动作组，再单击"创建新动作"按钮 ，新建一个动作，此时"开始记录"按钮 ● 会变为红色，接下来便可进行图像处理操作了，所有的操作过程都会被记录下来。操作完成后，单击"停止播放/记录"按钮 ■ 即可。

5.8 应用案例：用CameraRaw调出梦里水乡

Raw格式是未经处理和压缩的格式，因此，被称为"数字底片"。Raw格式的照片包含相机捕获的所有数据，如ISO设置、快门速度、光圈值和白平衡等。Camera Raw是专门处理 Raw 文件的程序，它可以解释相机原始数据文件，对白平衡、色调范围、对比度、颜色饱和度、锐化等进行调整。

01 打开照片，执行"滤镜"|"Camera Raw滤镜"命令，打开"Camera Raw"对话框，如图5-104所示。

图 5-104

02 将"高光"设置为50，"阴影"设置为60，"白色"设置为-18，"自然饱和度"设置为100，使色调明亮起来，如图5-105所示。

图 5-105

03 照片中湖水占了三分之二的面积，湖水的色调变得清新，可以带动整个画面的氛围。切换到"分离色调"选项卡，将湖水的颜色调蓝，如图5-106所示，碧蓝的天空倒映在水面，色调清爽，有着梦里水乡的浪漫之感。

图 5-106

5.9 应用案例：用CameraRaw调出浪漫樱花季

01 打开照片，执行"滤镜"|"Camera Raw滤镜"命令，打开"Camera Raw"对话框，在工具选项栏中选择目标调整工具，在下拉菜单中选择"色相"选项，如图5-107所示。

图 5-107

02 将光标放在蓝色天空上，单击并向左侧拖曳鼠标，改变天空的颜色，同时观察"蓝色"参数，当它变为-51时，停止移动，如图5-108所示。

图 5-108

03 再来调整一下樱花和树干的颜色，设置"橙色"为-18，"黄色"为-78，如图5-109所示。

图 5-109

04 单击"饱和度"选项卡，增加"橙色"和"黄色"的饱和度，如图5-110所示。

图 5-110

05 单击"明度"选项卡，然后将"橙色"和"黄色"的明度都设置为100，如图5-111所示。

图 5-111

06 为使照片更加通透，切换到"基本"选项卡，设置"曝光"为0.5，"阴影"为100，"白色"为21，使照片的整体色调变亮，设置"自然饱和度"为50，如图5-112所示。

图 5-112

5.10 课后作业：用消失点滤镜修图

本章学习了修图与调色。下面通过课后作业来强化学习效果。如果有不清楚的地方，请看一下视频教学录像。

Photoshop的"消失点"滤镜可以在包含透视平面（如建筑物侧面或任何矩形对象）的图像中进行透视校正。在应用诸如绘画、仿制、拷贝或粘贴及变换等编辑操作时，Photoshop可以正确确定这些编辑操作的方向，并将它们缩放到透视平面，使结果更加逼真。

用创建平面工具定义节点

打开光盘中的照片素材，执行"滤镜"|"消失点"命令，打开"消失点"对话框。用创建平面工具 ▦ 定义透视平面4个角的节点；用对话框中的仿制图章工具 ♣ 复制地板（按住Alt键单击地板进行取样），然后将地面的杂物覆盖。

用仿制图章工具复制

修复地板

5.11 课后作业：通过灰点校正色偏

使用数码相机拍摄时，需要设置正确的白平衡，才能使照片准确地还原色彩，否则会导致颜色出现偏差。此外，室内人工照明会对拍摄对象产生影响，照片由于年代久远会褪色，扫描或冲印过程中也会产生色偏。"色阶"和"曲线"对话框中的设置灰点工具 ✎ 可以快速校正色偏。选择该工具后，在照片中原本应该是灰色或白色区域（如灰色的墙壁、道路和白衬衫等）上单击，Photoshop会根据单击点像素的亮度，来调整其他中间色调的平均亮度，从而校正色偏。

照片颜色偏蓝

选择设置灰点工具

在灰色墙壁上单击鼠标

校正后的照片

5.12 复习题

1. 使用"色阶"调整照片时，如果要增加对比度，该怎样调整？如果要降低对比度，该怎样调整？

2. 曲线上的3个预设控制点，分别对应色阶的哪个滑块？

3. 在直方图中，山峰整体向右偏移，说明照片的曝光是怎样的情况？如果有山峰紧贴直方图右端，又是怎样的情况？

本章介绍裁剪、修改像素、降噪、锐化、抠图和批处理等与照片处理相关的内容。这其中，抠图的难度比较大，主要体现在其方法的多样性上。抠图的核心在于选择，而与选择相关的技术几乎可以调动Photoshop所有重要的工具和命令，将各种工具、命令组合之后，可以演变出几十种不同的抠图方法，如从简单的选择工具，到智能工具，再到复杂的蒙版、通道以及插件等，每一种方法都只适合处理特定类型的图像，因此，只有根据图像的特点，采用正确的选择方法抠图才能有的放矢，取得事半功倍的效果。

扫描二维码，关注李老师的微博、微信。

6.1 关于广告摄影

广告业与摄影技术的不断发展促成了两者的结合，并诞生了由它们整合而成的边缘学科——广告摄影。摄影是广告传媒中最好的技术手段之一，它能够真实、生动地再现宣传对象，完美地传达信息，具有很高的适应性和灵活性。

商品广告是广告摄影最主要的服务对象，商品广告的创意主要包括主体表现法、环境陪衬式表现法、情节式表现法、组合排列式表现法、反常态表现法和间接表现法。

主体表现法着重刻画商品的主体形象，一般不附带陪衬物和复杂的背景，图6-1所示为CK手表广告。环境陪衬式表现法则把商品放置在一定的环境中，或采用适当的陪衬物来烘托主体对象。情节式表现法通过故事情节来突出商品的主体，图6-2所示为Sauber 丝袜广告："我们的产品超薄透明，而且有超强的弹性。这些都是一款优质丝袜必备的，但是如果被绑匪们用就是另外一个场景了。"组合式表现法是将同一商品或一组商品在画面上按照一定的组合排列形式展现出来。反常态表现法通过令人震惊的奇妙形象，使人们产生对广告的关注，图6-3所示为Vögele 鞋广告。间接表现法则间接、含蓄地表现商品的功能和优点。

图6-1　　　　　图6-2　　　　　图6-3

6.2 照片处理

数码照片的处理流程大致分为6个阶段：在Photoshop（或Camera Raw）中调整曝光和色彩、校正镜头缺陷（如镜头畸变和晕影）、修图（如去除多余的内容和人像磨皮）、裁剪照片调整构图、轻微的锐化（夜景照片需降噪），最后存储修改结果。

6.2.1 裁剪照片

对数码照片或扫描的图像进行处理时，经常需要裁剪图像，以便删除多余的内容，使画面的构图更加完美。裁剪工具 ⊐ 可以对照片进

学习重点　　裁剪照片 /P73　　　　　　制作星空人像 /P75　　　　　用"选择并遮住"抠人像 /P81
　　　　　　　修改像素尺寸 /P74　　　　用钢笔工具抠陶瓷工艺品 /P80　用通道功能抠婚纱 /P83

行裁剪。选择该工具后，在画面边缘会显示一个裁剪框，如图6-4所示，拖动裁剪框可以对其进行缩放，按Esc键则取消操作。也可以使用裁剪工具在画面中单击，并拖动鼠标创建裁剪框，定义要保留的区域，如图6-5所示。将光标放在裁剪框的边界上，单击并拖动鼠标，可以调整裁剪框的大小，按住Shift键拖动，可进行等比缩放；将光标放在裁剪框外，单击并拖动鼠标，可以旋转裁剪框；按Enter键，可以将定界框之外的图像裁掉，如图6-6所示。

图6-4　　　　　图6-5　　　　　图6-6

6.2.2 降噪

使用数码相机拍照时，如果用很高的 ISO 设置、曝光不足，或者用较慢的快门速度在黑暗的区域拍照，就可能会导致出现噪点和杂色。"滤镜"|"杂色"菜单中的"减少杂色"滤镜对于除去照片中的杂色非常有效。

图像的杂色显示为随机的无关像素，它们不是图像细节的一部分。"减少杂色"滤镜可基于影响整个图像或各个通道的设置保留边缘，同时减少杂色。图6-7、图6-8所示为原图及使用该滤镜减少杂色后的图像效果（局部图像，显示比例为100%）。

图6-7　　　　　　　　　图6-8

如果亮度杂色在一个或两个颜色通道中较为明显，可勾选"高级"复选项，然后进入"每通道"选项卡，再从"通道"菜单中选取相应的颜色通道，拖动"强度"和"保留细节"滑块来减少该通道中的杂色，如图6-9～图6-11所示。

图6-9　　　　　　　　　　　　图6-10

图6-11

> tip　在进行降噪操作时，最好双击缩放工具🔍，将图像的显示比例调整为100%，否则不容易看清降噪效果。

6.2.3 锐化

数码照片在进行完调色、修图和降噪之后，还要做适当的锐化，以便使画面更加清晰。Photoshop锐化图像时会提高图像中两种相邻颜色（或灰度层次）交界处的对比度，使它们的边缘更加明显，令其看上去更加清晰，造成锐化的错觉。图6-12所示为原图，图6-13所示为锐化后的效果。

图6-12　　　　　　　图6-13

"滤镜"|"锐化"菜单中的"USM锐化"和"智能锐化"滤镜是锐化照片的好帮手。"USM锐化"滤镜可以查找图像中颜色发生显著变化的区域，然后将其锐化。例如，图6-14所示为原图，图6-15、图6-16所示为使用该滤镜锐化后的效果。

图6-14　　　　　　　　　　　図6-15

图 6-16

"智能锐化"与"USM 锐化"滤镜比较相似,但它提供了独特的锐化控制选项,可以设置锐化算法、控制阴影和高光区域的锐化量,如图6-17所示。

图 6-17

6.3 照片处理实例:修改像素尺寸

我们拍摄照片或在网络上下载图像以后,可将其设置为计算机桌面、制作为个性化的QQ头像、用作手机壁纸、传输到网络相册上、用于打印等。然而,每一种用途对图像的尺寸和分辨率的要求也不相同,这就需要对图像的大小和分辨率做出适当的调整。我们已经了解了像素、分辨率、差值等这些专业概念及它们之间的联系,下面就可以用所学知识解决实际问题,将一个大幅图像调整为6英寸×4英寸照片大小。

01 打开照片素材,如图6-18所示。执行"图像"|"图像大小"命令,打开"图像大小"对话框,如图6-19所示。可以看到,当前图像的尺寸是以厘米为单位的,我们首先将单位设置为英寸,然后修改照片尺寸。另外,照片当前的分辨率是72像素/英寸,分辨率太低了,打印时会出现锯齿,画质很差,因此,分辨率也需要调整。

图 6-18　　　　　图 6-19

02 先来调整照片尺寸。取消对"重新采样"选项的选取。将"宽度"和"高度"单位设置为"英寸",如图6-20所示。可以看到,以英寸为单位时,照片的尺寸是39.375英寸×26.25英寸。将"宽度"值改为6英寸,Photoshop会自动将"高度"值匹配为4英寸,同时分辨率也会自动更改,如图6-21所示。由于没有重新采样,将照片尺寸调小后,分辨率会自动增加。可以看到,现在的分辨率是472.5像素/英寸,已经远远超出了最佳打印分辨率(300像素/英寸)。高出最佳分辨率其实对打印出的照片没有任何用处,因为画质再细腻,我们的眼睛也分辨不出来。下面来降低分辨率,这样还能减少图像的大小,加快打印速度。

图 6-20　　　　　图 6-21

tip "宽度"和"高度"选项中间有一个 🔗 状按钮,并处于按下状态,它表示当前会保持宽、高比例。如果要分别修改"宽度"和"高度",可以先单击该按钮,再进行操作。

03 这次需要选择"重新采样"选项,如图6-22所示,否则减少分辨率时,照片的尺寸会自动增加。将分辨率设置为300像素/英寸,然后选择"两次立方(较锐利)(缩减)"选项。这样照片的尺寸和分辨率就都调整好了。观察对话框顶部"像素大小"右侧的数值,如图6-23所示。文件从调整前的15.3MB,降低为6.18MB,成功"瘦身"。单击"确定"按钮关闭对话框。执行"文件"|"存储为"命令,将调整后的照片另存。

图 6-22　　　　　图 6-23

6.4 照片处理实例：制作星空人像

如果拍摄照片时持机不稳，或者没有准确对焦，画面就会不清晰。"防抖"滤镜可以减少由某些相机运动类型产生的模糊，包括线性运动、弧形运动、旋转运动和Z字形运动，挽救因相机抖动而拍摄失败的照片，效果令人惊叹！

01 打开照片素材，执行"选择"|"主体"命令，自动选择照片中的人物，如图6-24所示，这种智能化的体验，使我们的选择工作变得简单快捷，我们要做的就是对不够精确之处稍加调整，比如衣领部分的多选区域。选择矩形选框工具[::]，在工具选项栏中单击"从选区减去"按钮[:]，将衣领上的圆形选区框选上，如图6-25所示，放开鼠标后，这个选区就会消失，如图6-26所示。

图 6-25

图 6-24　　　　　　　　　　　图 6-26

02 单击"图层"面板底部的 按钮，新建一个图层。执行"编辑"|"描边"命令，设置描边宽度为1像素，颜色为黑色，位置在"内部"，如图6-27、图6-28所示。

图 6-27

图 6-28

03 单击"图层1"，如图6-29所示，单击面板底部的 按钮，基于选区创建蒙版，将背景区域隐藏，如图6-30、图6-31所示。

图 6-29　　　　图 6-30

图 6-31

04 单击"图层2"，单击面板底部的 按钮，在"图层2"上方创建一个"阈值"调整图层，如图6-32所示，设置参数为146，如图6-33所示，将图像转换为黑白手绘线稿效果，如图6-34所示。

图 6-32　　　　　　图 6-33　　　　　　图 6-34

05 打开星空素材，如图6-35所示，使用移动工具 将它拖入画面中，设置混合模式为"浅色"，如图6-36所示，使星空映衬在头像内。还可以制作星空文字作为装饰，只要文字颜色为黑色，位于星空图层下方就可以了，如图6-37所示。

图 6-35

图 6-36

图 6-37

6.5 照片处理实例：通过批处理为照片加Logo

网店店主为了体现特色或扩大宣传面，通常都会为商品图片加上个性化Logo。如果需要处理的图片数量较多，可以用Photoshop的动作功能将Logo贴在照片上的操作过程录制下来，再通过批处理对其他照片播放这个动作，Photoshop就会为每一张照片都添加相同的Logo。

01 打开素材（6.5 Logo.psd），如图6-38所示，单击"背景"图层，如图6-39所示，按Delete键将其删除，让Logo位于透明背景上，如图6-40所示。

图6-38　　　　　　图6-39

tip 制作好Logo后，将其放在要加入水印的图像中，并调整好位置，然后删除图像，只保留Logo，再将这个文件保存。加水印的时候用这个文件，这样它与所要贴Logo的文档的大小相同，水印就会贴在指定的位置上。

图6-40

02 执行"文件"|"存储为"命令，将文件保存为PSD格式，然后关闭。打开一张照片。打开"动作"面板，单击该面板底部的 按钮和 按钮，创建动作组和动作。执行"文件"|"置入嵌入对象"命令，选择刚刚保存的Logo文件，将它置入当前文档中，按Enter键确认操作，如图6-41所示。执行"图层"|"拼合图像"命令，将图层合并。单击"动作"面板底部的 ■ 按钮，完成动作的录制，如图6-42所示。

图6-41　　　　　　图6-42

03 执行"文件"|"自动"|"批处理"命令，打开"批处理"对话框，在"播放"选项组中选择刚刚录制的动作，单击"源"选项组中的"选择"按钮，在打开的对

话框中选择要添加Logo的文件夹，如图6-43所示。在"目标"下拉列表中选择"文件夹"，然后单击"选择"按钮，在打开的对话框中为处理后的照片指定保存位置，这样就不会破坏原始照片了，如图6-44所示。

图6-43

图6-44

04 以上选项设置完成之后，单击"确定"按钮，开始批处理，Photoshop会为目标文件夹中的每一张照片都添加一个Logo，并将处理后的照片保存到指定的文件夹中，如图6-45~图6-48所示。

图6-45　　　　　　图6-46

图6-47　　　　　　图6-48

6.6 抠图

所谓"抠图"，是指将图像的一部分内容（如人物）选中，并分离出来，以便与其他素材进行合成。例如，制作广告、杂志封面等，需要设计人员将照片中的模特抠出，然后合成到新的背景中去。

6.6.1 Photoshop 抠图工具及特点

Photoshop 提供了许多用于抠图的工具。在抠图之前，首先应该分析图像的特点，再根据分析结果确定最佳的抠图工具和方法。

● 分析对象的形状特征：边界清晰流畅、图像内部也没有透明区域的对象是比较容易选择的对象。如果这样的对象其外形为基本的几何形，可以用选框工具（矩形选框工具 [] 、椭圆选框工具 ○ ）和多边形套索工具 ❥ 将其选取。例如，图 6-49、图 6-50 所示的熊猫便是使用磁性套索工具 ❥ 和多边形套索工具 ❥ 选取的，图 6-51 所示为更换背景后的效果。如果对象呈现不规则形状，边缘光滑且不复杂，则更适合使用钢笔工具 ∅ 选取。例如，图 6-52 所示是使用钢笔工具 ∅ 描绘的路径轮廓，将路径转换为选区后即可选中对象，如图 6-53 所示。

● 从色彩差异入手："色彩范围"命令包含"红色""黄色""绿色""青色""蓝色"和"洋红"等固定的色彩选项，如图 6-54 所示，通过这些选项可以选择包含以上颜色的图像内容。

图 6-52

图 6-53

图 6-54

图 6-49　　　　　图 6-50

● 从色调差异入手：魔棒工具 ✦ 、快速选择工具 ✦ 、磁性套索工具 ❥ 、背景橡皮擦工具 ✦ 、魔术橡皮擦工具 ✦ 、通道和混合模式，以及"色彩范围"命令中的部分功能，可基于色调差别生成选区。因此，可以利用对象与背景之间存在的色调差异，通过上述工具来选择对象。

● 基于边界复杂程度的分析：人像、人和动物的毛发、树木的枝叶等边缘复杂的对象，被风吹动的旗帜、高速行驶的汽车、飞行的鸟类等边缘模糊的对象，都是很难准确选择的对象。"调整边缘"命令和通道是抠此类复杂对象最主要的工具，图 6-55~图 6-57 所示为使用通道抠出的人像。快速蒙版、"色彩范围"命令、"调整边缘"命令和通道等适合抠边缘模糊的对象。

图 6-51

图 6-55

图 6-56

图 6-57

● 基于对象透明度的分析：对于玻璃杯、冰块、水珠、气泡等，抠图时能够体现它们透明特质的是半透明的像素。抠此类对象时，最重要的是既要体现对象的透明特质，同时也要保留其细节特征。"调整边缘"命令和通道，以及设置了羽化值的选框和套索等工具都可以抠透明对象。图 6-58~图 6-60 所示为使用通道抠出的透明烟雾。

图 6-58

图 6-59

图 6-60

tip 以上示例均摘自笔者编著的《Photoshop专业抠图技法》。该书详细介绍了各种抠图技法和操作技巧，以及"抽出"滤镜、Mask Pro、Knockout等抠图插件的使用方法，有想要系统学习抠图技术的读者可参阅此书。

6.6.2 Photoshop 抠图插件

Mask Pro 和 KnockOut 是非常有名的抠图插件。其中，Mask Pro 是由美国 Ononesoftware 公司开发的。它提供了相当多的编辑工具，如保留吸管工具、魔术笔刷工具、魔术油漆桶工具和魔术棒工具，甚至还有可以绘制路径的魔术钢笔工具，能让抠出的图像达到专业水准。使用 Mask Pro 抠图时，需要使用保留高亮工具在对象内部绘制出大致的轮廓线，如图 6-61所示，然后填充颜色，如图 6-62所示；再使用选择丢弃高亮工具在对象外部绘制轮廓线，也填充颜色，如图 6-63 所示。

图6-61

图6-62

图6-67

图6-63

进行调整时，可以选择在蒙版状态下或透明背景中观察图像，如图6-64、图6-65所示。图6-66所示为抠出后更换背景的效果。

图6-64

图6-65

图6-68

图6-66

KnockOut是由大名鼎鼎的软件公司Corel开发的经典抠图插件。它能将人和动物的毛发、羽毛、烟雾、透明的对象和阴影等，轻松地从背景中抠出来，让原本复杂的抠图操作变得异常简单。使用KnockOut抠图时，需要用内部对象工具 和外部对象工具 ，在靠近毛发的边界处勾绘出选区轮廓，如图6-67所示，单击 按钮可以预览抠图效果，如图6-68所示。如果效果不完美，还可以使用其他工具进行调修。图6-69所示为抠出图像并更换背景后的效果，可以看到小狗的毛发非常完整。

图6-69

6.6.3 解决图像与新背景的融合问题

对于抠图来说，将对象从原有的背景中抠出还只是第一步，对象与新背景能否完美地融合，也是需要认真考虑的问题。因为，如果处理不好，图像合成效果就会显得非常假。例如，在图6-70所示的素材中，人物头顶的发丝很细，并且都很清晰，而环境色对头发的影响又特别明显，图6-71所示为笔者使用通道抠出的图像，可以看到，头发的边缘残留了一些背景色。在这种情况下，将图像放在新背景中，效果没法让人满意，如图6-72所示。

图6-70   图6-71

图6-72

幕中性色"复选项,如图6-75所示,创建中性色图层,它会与"图层1"创建为一个剪贴蒙版组;将画笔工具 ✐ 的模式设置为"正常",不透明度设置为15%,在头发的边缘涂抹白色,提高头发最边缘处发丝的亮度,使其清晰而明亮,如图6-76、图6-77所示。由于创建了剪贴蒙版,中性色图层将只对人物图像有效,背景图层不会受到影响。

图6-73   图6-74

图6-75

笔者采用的解决办法是,使用吸管工具 ✐ 在人物头顶的背景上单击,拾取颜色作为前景色,如图6-73所示,再用画笔工具 ✐(模式为"颜色",不透明度为50%)在头发边缘的红色区域涂抹,为这些头发着色,使其呈现出与环境色相协调的蓝色调,降低原图像的背景色对头发的影响,如图6-74所示。

按住Alt键,单击"图层"面板中的 🔲 按钮,打开"新建图层"对话框,勾选"使用前一图层创建剪贴蒙版"复选项,设置混合模式为"滤色",并勾选"填充屏

图6-76   图6-77

6.7 抠图实例:用钢笔工具抠陶瓷工艺品

01 打开素材,如图6-78所示。选择钢笔工具 ✐,在工具选项栏中选择"路径"选项,如图6-79所示。

图6-78   图6-79

02 按Ctrl++快捷键,放大窗口的显示比例。在脸部与脖子的转折处单击,并向上拖动鼠标,创建一个平滑点,如图6-80所示;向上移动光标,单击并拖动鼠标,生成第二个平滑点,如图6-81所示。

图6-80   图6-81

03 在发髻底部创建第3个平滑点，如图6-82所示。由于此处的轮廓出现了转折，需要按住Alt键，在该锚点上单击一下，将其转换为只有一个方向线的角点，如图6-83所示，这样绘制下一段路径时就可以发生转折了；继续在发髻顶部创建路径，如图6-84所示。

图 6-82

图 6-83

图 6-84

04 外轮廓绘制完成后，在路径的起点上单击，将路径封闭，如图6-85所示。下面来进行路径运算。在工具选项栏中单击"从路径区域减去"按钮 ⬚，在两个胳膊的空隙处绘制路径，如图6-86、图6-87所示。

05 按Ctrl+Enter键，将路径转换为选区，如图6-88所示。打开一个背景素材，使用移动工具 ✛ 将抠出的图像拖放在新背景上，如图6-89所示。

图 6-85

图 6-86

图 6-87

图 6-88

图 6-89

6.8 抠图实例：用选择并遮住功能抠人像

01 打开素材。执行"选择"|"主体"命令，在人物身上自动创建一个选区，如图6-90所示。

02 仔细查看一下选区效果，可以发现由于拍摄时清晰范围的限制，使距离焦点较远的右肘部有些模糊，同时其颜色又与背景色接近，所以没有完全被选取。头发的发梢部分也要进一步细化。选择快速选择工具 ◿，在工具选项栏中单击"添加到选区"按钮 ◿，在人物的肘部拖曳鼠标，将漏选的部分添加到选区内；单击"从选区减去"按钮 ◿，在腰部拖曳鼠标，将其从选区中排除，如图6-91所示。

图 6-90

图 6-91

03 单击"选择并遮住"按钮，打开对话框，将视图模式设置为"叠加"，以便能更好地观察选区细节。选取"智能半径"选项，设置"半径"参数为92像素，使发丝部分能尽量多地被选取到。选取"净化颜色"选项，设置"数量"为100%，如图6-92~图6-94所示。头顶及胳膊上有少许漏选的区域（呈现红色的部分），可使用快速选择工具 ✐ 涂抹，将其添加到选区内。

图 6-93

图 6-92

图 6-94

04 选择画笔工具 ✐，在工具选项栏中单击"从选区减去"按钮 ⊖，在背心底边上拖曳鼠标，将这部分区域排除到选区外，如图6-95所示。在"输出到"下拉列表中选择"新建带有图层蒙版的图层"选项，如图6-96所示。按Enter键确认，抠出人物图像，如图6-97、图6-98所示。

图 6-95

输出到：新建带有图层蒙版的图层

□ 记住设置

图 6-96

图 6-97   图 6-98

05 打开素材，如图6-99所示。将人物拖入这一文件。在"图层"面板中，将"图层0"拖至"组3"下方，如图6-100、图6-101所示。

图 6-99   图 6-100

图 6-101

6.9　抠图实例：用通道抠婚纱

01 打开素材，如图6-102所示。单击"路径"面板底部的 按钮，新建一个路径层，如图6-103所示。

图6-102　　　　　　　　　图6-103

02 选择钢笔工具 ，在工具选项栏中选择"路径"选项。沿人物的轮廓绘制路径，描绘时要避开半透明的婚纱，如图6-104、图6-105所示。

图6-104　　　　　　　图6-105

03 按Ctrl+Enter快捷键将路径转换为选区，如图6-106所示。单击"通道"面板中的 按钮，将选区保存到通道中，如图6-107所示。

图6-106　　　　　　　　图6-107

04 将蓝通道拖曳到 按钮上进行复制。使用快速选择工具 选取女孩（包括半透明的头纱），按Shift+Ctrl+I快捷键反选，如图6-108、图6-109所示。

图6-108　　　　　　　图6-109

05 在选区中填充黑色，如图6-110、图6-111所示，按Ctrl+D快捷键取消选择。

图6-110　　　　　　　　图6-111

06 执行"图像"|"计算"命令，让"蓝副本"通道与"Alpha 1"通道采用"相加"模式混合，如图6-112所示。单击"确定"按钮，得到一个新的通道，如图6-113、图6-114所示。

图6-112

图6-113　　　　　　　图6-114

07 由于现在显示的是通道图像，可单击"通道"面板底部的 按钮，直接载入婚纱选区。按Ctrl+2快捷键显示彩色图像，如图6-115所示。打开素材，将抠出的婚纱图像拖入该文件中，如图6-116所示。

图6-115

图6-116

图6-117　　　　　　图6-118

图6-119

08 头纱还有些暗，添加"曲线"调整图层，调亮图像，如图6-117所示。按Ctrl+I快捷键将蒙版反相，使用画笔工具 ✎ 在头纱上涂抹白色，使头纱变亮，按Alt+Ctrl+G快捷键，创建剪贴蒙版，如图6-118、图6-119所示。

6.10 应用案例：草莓季欢迎模块设计

在为欢迎模块选用图片时，应选择那些能体现商品特色、引起顾客购买兴趣的图片。拍摄商品照片时，也要注意光线一定要充足，才能将宝贝的色彩和细节尽可能多地捕捉下来。背景则应简单，可用纯色或比较柔和的色调衬托，也可以用一些能突出产品特性的小道具。尤其是食品，色彩一定要鲜艳、饱满，才显得新鲜。

01 按Ctrl+N快捷键，打开"新建文档"对话框，创建一个750像素×300像素、72像素/英寸的文档。

02 打开草莓素材。选择移动工具 ✛，将草莓拖曳到文档中，如图6-120所示。这张草莓照片的曝光略显不足，草莓看起来有点暗淡。

03 单击"调整"面板中的 ▨ 按钮，创建"可选颜色"调整图层。"可选颜色"可以调整每一种颜色中的色彩含量，而不影响其他颜色。在"颜色"下拉列表中选择"红色"，增加红色参数，如图6-121所示，使草莓的颜色更加饱满；选择"洋红"，减少洋红中的青色和洋红色，增加黄色，如图6-122所示，可以降低背景色彩浓度；再分别调整"白色"和"中性色"，如图6-123、图6-124所示。使背景看起来温暖柔和，不再是偏冷的色调，如图6-125所示。

图6-120

图 6-121　　　　图 6-122

图 6-123　　　　图 6-124

图 6-125

04 单击"调整"面板中的 按钮，创建一个"亮度/对比度"调整图层，增加对比度，使草莓的颜色更加鲜艳，同时也提亮了背景，如图6-126、图6-127所示。

图 6-126　　　　图 6-127

05 打开插图素材，拖入画面中。用多边形套索工具 创建一个选区，如图6-128所示，单击"图层"面板底部的 按钮，基于选区创建蒙版，将右侧挡住草莓的部分隐藏，如图6-129所示。

图 6-128

图 6-129

06 新建一个空白文档，用来制作文字。选择横排文字工具 T，输入文字"幸福时光"，在文字"幸福"后面单击，按Enter键将文字断为两行，如图6-130所示。在"字符"面板中设置行距为75，如图6-131所示。在"图层"面板中的文字图层上右击鼠标，在弹出的快捷菜单中选择"转换为形状"命令，将文字图层转换为形状图层，文字不再具备原有的属性，不能再修改字体，但是可以作为路径进行编辑，如图6-132所示。

图 6-130　　　图 6-131　　　图 6-132

07 用路径选择工具 调整文字的位置，再用直接选择工具 单击文字"福"的路径，显示所有锚点以后，拖曳出一个选框，框选最左侧的两个锚点，如图6-133所示，按住Shift键同时将其向左拖动，如图6-134所示。再用同样的方法调整其他文字的笔画，如图6-135~图6-138所示。有的延长，有的缩短，并整体保持均衡。

图 6-133　　　　图 6-134　　　　图 6-135

图6-136　　　　图6-137　　　　图6-138

08 用直接选择工具 ▷ 选取文字的部首，按Delete键删除，如图6-139、图6-140所示。选择椭圆工具 ○，按住Shift键绘制大小不同的圆形，填补在原来的位置，如图6-141所示。

图6-139　　　　图6-140　　　　图6-141

09 用钢笔工具 ⌀ 绘制一条弧线，作为文字"光"的笔画延长线。文字中都是直线会显得刻板，适当地加入圆形和弧线，会在平稳中产生变化感，活跃字体气氛。在工具选项栏中设置填充为"无"，描边为13.06点，单击 ━⋁ 按钮，在打开的下拉列表中设置形状的描边类型，描边与路径为居中对齐、圆头端点，如图6-142、图6-143所示。

图6-142　　　　　　　　图6-143

10 在文字"寸"左侧绘制一个半圆形路径，设置角点为"圆角连接"，如图6-144、图6-145所示。选择椭圆工具 ○，在路径中绘制一个圆形，如图6-146所示，组成一个完整的文字"时"，完成这款字体的设计。

图6-144　　　　图6-145　　　　图6-146

11 按住Shift键单击并选取这3个图层，如图6-147所示。在图层上右击鼠标，在弹出的快捷菜单中选择"栅格化

图层"命令，将形状图层转换为普通图层，如图6-148所示。按Ctrl+E快捷键将这3个图层合并在一起，单击 ▦ 按钮，锁定图层的透明像素，如图6-149所示。

图6-147　　　　图6-148　　　　图6-149

12 将前景色设置为红色，按Alt+Delete快捷键，将文字填充为红色，如图6-150所示。用鼠标双击该图层，打开"图层样式"对话框，为文字添加"描边"和"投影"效果，如图6-151、图6-152所示。将文字拖入草莓文档中，如图6-153所示。

图6-150　　　　　　　　图6-151

图6-152　　　　　　　　图6-153

13 选择横排文字工具 T，输入副标题及广告语，如图6-154所示，并用英文进行装饰，如图6-155所示。

图6-154

图6-155

图6-156

14 输入产品信息，绘制浅粉色图形装饰在文本块的两个边角处，如图6-156所示。

6.11 课后作业：图像合成习作

本章学习了照片处理与抠图。下面通过课后作业来强化学习效果。如果有不清楚的地方，请看一下视频教学录像。

本章的作业是一个图像合成练习，主要用到选框工具。使用多边形套索工具 选择方形窗子。选择弧形窗子时，可以先用椭圆选框工具 选中窗子的弧顶，然后再用矩形选框工具 ，按住Shift键选中下半部窗子，放开鼠标后，矩形选区会与圆形选区相加，得到窗子的完整选区。

实例效果

窗子素材

玫瑰花素材

6.12 复习题

1. "图像大小"命令包含可以调整分辨率的选项。如果一个图像的分辨率很低，将其放大时，画面变得模糊了，可以通过提高分辨率来使图像变得清晰吗？

2. 降噪、锐化是分别基于什么原理实现的？

3. 抠汽车、毛发、玻璃杯适合使用哪些工具？

7.1 插画设计

插画作为一种重要的视觉传达形式，以其直观的形象性、真实的生活感和艺术感染力，在现代设计中占有特殊的地位。在欧美国家，插画已被广泛地应用于广告、传媒、出版、影视等领域，而且还被细分为儿童类、体育类、科幻类、食品类、数码类、纯艺术类、幽默类等多种专业类型。不仅如此，插画的风格也丰富多彩。

- 装饰风格插画：注重形式美感的设计。设计者所要传达的含义都是较为隐性的，这类插画中多采用装饰性的纹样，其构图精致、色彩协调，如图7-1所示。
- 动漫风格插画：在插画中使用动画、漫画和卡通形象，以此增加插画的趣味性。采用较为流行的表现手法能够使插画的形式新颖、时尚，如图7-2所示。

图7-1   图7-2

- 矢量风格插画：能够充分体现图形的艺术美感，如图7-3、图7-4所示。

图7-3   图7-4

- Mix & match 风格插画：Mix 意为混合、掺杂，match 意为调和、匹配。Mix & match 风格的插画能够融合许多独立的，甚至互相冲突的艺术表现方式，使之呈现协调的整体风格，如图7-5所示。
- 儿童风格插画：多用在儿童杂志或书籍，颜色较为鲜艳，画面生动有趣。造型或简约，或可爱，或怪异，场景也会比较Q，如图7-6所示。
- 涂鸦风格插画：具有粗犷的美感，自由、随意，且充满了个性，如图7-7所示。
- 线描风格插画：利用线条和平涂的色彩作为表现形式，具有单纯和简洁的特点，如图7-8所示。

滤镜原本是一种摄影器材，摄影师将其安装在照相机的镜头前面来改变照片的拍摄方式，以便影响照片色彩或产生特殊的拍摄效果。Photoshop 中的滤镜可以制作特效、校正照片、模拟各种绘画效果，也常用来编辑图层蒙版、快速蒙版和通道。滤镜分为内置滤镜和外挂滤镜两大类。内置滤镜是 Photoshop 自身提供的各种滤镜，外挂滤镜则是由其他厂商开发的滤镜，它们需要安装在 Photoshop 中才能使用。

扫描二维码，关注李老师的微博、微信。

学习重点　　滤镜库/P90 　网点效果/P93 　时尚水晶球/P96
智能滤镜/P91　钢笔淡彩效果/P93　流彩凤凰/P98

图7-5

图7-6

图7-7

图7-8

7.2 Photoshop 滤镜

　　滤镜是 Photoshop 最具吸引力的功能之一，它就像是一个神奇的魔术师，随手一变，就能让普通的图像呈现出令人惊奇的视觉效果。滤镜不仅可以校正照片、制作特效，还能模拟各种绘画效果，也常用来编辑图层蒙版、快速蒙版和通道。

7.2.1 滤镜的原理

　　位图（如照片、图像素材等）是由像素构成的，每一个像素都有自己的位置和颜色值，滤镜能够改变像素的位置或颜色，从而生成各种特效。例如，图7-9所示为原图像，图7-10所示是"染色玻璃"滤镜处理后的图像，从放大镜中可以看到像素的变化情况。

　　Photoshop 的所有滤镜都在"滤镜"菜单中，如图7-11所示。其中"滤镜库"、"镜头校正"、"液化"和"消失点"等是特殊滤镜，被单独列出，其他滤镜都依据其主要功能，放置在不同类别的滤镜组中。如果安装了外挂滤镜，则它们会出现在菜单底部。

图7-11

图7-9

图7-10

　　由于数量过多，Adobe 对滤镜进行过优化，将"画笔描边""素描""纹理""艺术效果"滤镜组整合到"滤镜库"中。因此，在默认状态下，"滤镜"菜单中没有这些滤镜，要使用它们，需要打开"滤镜库"才行。这样菜单才能更加简洁、清晰。如果不在乎数量问题，可以执行"编辑"|"首选项"|"增效工具"命令，打开"首选项"对话框，选取"显示滤镜库的所有组和名称"选项，让所有滤镜都出现在"滤镜"菜单中。

7.2.2 滤镜的使用规则和技巧

● 使用滤镜处理某一图层中的图像时, 需要选择该图层, 并且图层必须是可见的（缩览图前面有眼睛图标 👁）。滤镜只能处理一个图层, 不能同时处理多个图层。

● 如果创建了选区, 如图 7-12 所示, 滤镜只处理选中的图像, 如图 7-13 所示; 如果未创建选区, 则处理当前图层中的全部图像, 如图 7-14 所示。

图 7-12

图 7-13

图 7-14

● 滤镜的处理效果是以像素为单位进行计算的, 因此, 相同的参数处理不同分辨率的图像, 其效果也会有所不同。

● 滤镜可以处理图层蒙版、快速蒙版和通道。

● 只有 "云彩" 滤镜可以应用在没有像素的区域, 其他滤镜都必须应用在包含像素的区域, 否则不能使用这些滤镜。但外挂滤镜除外。

● "滤镜" 菜单中显示为灰色的命令是不可使用的命令, 通常情况下, 这是由于图像模式出现了问题。在 Photoshop 中, RGB 模式的图像可以使用所有滤镜, 其他模式则会受到限制。在处理非 RGB 模式的图像时, 可以先执行 "图像" | "模式" | "RGB 颜色" 命令, 将图像转换为 RGB 模式, 再应用滤镜。

● 在任意滤镜对话框中按住 Alt 键, "取消" 按钮就会变成 "复位" 按钮, 如图 7-15 所示, 单击它可以将参数恢复到初始状态。

● 使用一个滤镜后, "滤镜" 菜单的第一行便会出现该滤镜的名称, 如图 7-16 所示, 单击它或按 Alt+Ctrl+F 快捷键, 可以快速应用这一滤镜。

图 7-15

图 7-16

● 应用滤镜的过程中如果要终止处理, 可以按 Esc 键。

● 使用 "光照效果" "木刻" 和 "染色玻璃" 等滤镜, 以及编辑高分辨率的大图时, 有可能造成 Photoshop 的运行速度变慢。使用滤镜之前, 可以先执行 "编辑" | "清理" 命令释放内存, 也可以退出其他应用程序, 为 Photoshop 提供更多的可用内存。此外, 当内存不够用时, Photoshop 会自动将计算机中的空闲硬盘作为虚拟内存来使用（也称暂存盘）。因此, 如果计算机中的某些个硬盘空间较大, 可将其指定给 Photoshop 使用。具体设置方法是执行 "编辑" | "首选项" | "性能" 命令, 打开 "首选项" 对话框, 在 "暂存盘" 选项组中显示了计算机的硬盘驱动器盘符, 只要将空闲空间较多的驱动器设置为暂存盘, 如图 7-17 所示, 然后重新启动 Photoshop 即可。

图 7-17

7.2.3 滤镜库

执行 "滤镜" | "滤镜库" 命令, 或者使用 "风格化"、"画笔描边"、"扭曲"、"素描"、"纹理" 和 "艺术效果" 滤镜组中的滤镜时, 都可以打开 "滤镜库", 如图 7-18 所示。在 "滤镜库" 对话框中, 左侧是预览区, 中间是 6 组可供选择的滤镜, 右侧是参数设置区。

图7-18

　　单击"新建效果图层"按钮 ▣ ，可以添加一个效果图层。添加效果图层后，可以选取要应用的另一个滤镜，图像效果会变得更加丰富，如图7-19所示。滤镜效果图层与图层的编辑方法基本相同，上下拖动效果图层可以调整它们的堆叠顺序，滤镜效果也会发生改变，如图7-20所示。单击 🗑 按钮，可以删除效果图层。单击眼睛图标 ◉ ，可以隐藏或显示滤镜。

图7-19

图7-20

7.2.4 智能滤镜

　　选择要应用滤镜的图层，如图7-21所示，执行"滤镜"|"转换为智能滤镜"命令，弹出一个提示信息，单击"确定"按钮，将图层转换为智能对象，此后应用的滤镜即为智能滤镜，如图7-22所示。智能滤镜可以达到与普通滤镜完全相同的效果，但它是作为图层效果出现在"图层"面板中的，因而不会真正改变图像中的任何像素。

图7-23　　　　　　　图7-24

图7-21　　　　　　　图7-22

图7-25

　　添加智能滤镜后，双击"图层"面板中的智能滤镜，如图7-23所示，可以重新打开相应的"滤镜"对话框，修改滤镜参数，如图7-24、图7-25所示。

　　智能滤镜包含一个图层蒙版，单击蒙版缩览图，可以进入蒙版编辑状态。如果要遮盖某一处滤镜效果，可以用黑色涂抹蒙版；如果要显示某一处滤镜效果，则用白色涂抹蒙版，如图7-26所示。

图 7-26

如果要减弱滤镜效果，可以用灰色涂抹，滤镜将呈现不同级别的透明度，如图 7-27 所示。

图 7-27

智能滤镜效果还可以调整混合模式，也可调整堆叠顺序、添加图层样式，或用蒙版控制滤镜范围，如图 7-28 所示。将智能滤镜拖动到"图层"面板底部的"删除图层"按钮 🗑 上，可将其删除。

图 7-28

7.3 Photoshop 插件

Photoshop 提供了一个开放的平台，用户可以将第三方厂商开发的滤镜，以插件的形式安装在 Photoshop 中使用，这些滤镜被称为"外挂滤镜"。外挂滤镜不仅可以轻松地制作出各种特效，还能创造出 Photoshop 内置滤镜无法实现的神奇效果，因而备受广大 Photoshop 爱好者的青睐。

7.3.1 安装外挂滤镜

外挂滤镜与一般程序的安装方法基本相同，只是要注意应将其安装在 Photoshop CC2018 的 Plug-in 目录下，如图 7-29 所示，否则将无法直接运行滤镜。对于有些小的外挂滤镜，手动复制到 plug-in 文件夹中便可使用。安装完成以后，重新运行 Photoshop，在"滤镜"菜单的底部便可以看到它们，如图 7-30 所示。

图 7-29   图 7-30

7.3.2 外挂滤镜的种类

● 自然特效类外挂滤镜：Ulead（友丽）公司的 Ulead Particle.Plugin 是用于制作自然环境的强大插件，它能够模拟自然界的粒子，从而创建诸如雨、雪、烟、火、云和星等特效。

● 图像特效类外挂滤镜：在众多的特效类外挂滤镜中，Meta Creations 公司的 KPT 系列滤镜及 Alien Skin 公司的 Eye Candy 4000 和 Xenofex 滤镜是其中的佼佼者，它们可以创造出 Photoshop 内置滤镜无法实现的各种神奇效果。

● 照片处理类滤镜：Mystical Tint Tone and Colo 是专门用于调整影像色调的插件，它提供了 38 种色彩效果，可以轻松应对色调调整方面的工作。Alien Skin Image Doctor 是一款新型而强大的图片校正滤镜，它可以魔法般地移除污点和各种缺陷。

● 抠图类外挂滤镜：Mask Pro 是由美国俄勒冈州波特兰市的 Ononesoftware 公司开发的抠图插件，它可以把复杂的图像，如人的头发、动物的毛发等轻易地选取出来。Knockout 是由大名鼎鼎的软件公司 Corel 开发的经典抠图插件，它能让原本复杂的抠图操作变得异常简单。

● 磨皮类外挂滤镜：磨皮是指通过模糊减少杂色和噪点，使人物皮肤洁白、细腻。Kodak 是一款简单、实用的磨皮插件。NeatImage 则更加强大，它在磨皮的同时，还能保留头发、眼眉和睫毛的细节。

● 特效字类外挂滤镜：Ulead 公司出品的 Ulead Type. Plug-in 1.0 是专门用于制作特效字的滤镜。

tip 本书附赠的"Photoshop外挂滤镜使用手册"中详细介绍了外挂滤镜的安装方法，以及KPT7、Eye Candy 4000 和Xenofex滤镜的具体使用方法。

7.4 特效实例：制作网点效果

01 打开素材，如图7-31所示。执行"滤镜"|"转换为智能滤镜"命令，弹出一个提示框，单击"确定"按钮，将"背景"图层转换为智能对象，如图7-32所示。

图7-31　　　　　　　　图7-32

02 按Ctrl+J快捷键复制图层。将前景色调整为浅青色（R0，G138，B238）。执行"滤镜"|"滤镜库"命令，打开"滤镜库"，单击"素材"滤镜组前面的 ▶ 按钮，展开滤镜组，选择"半调图案"滤镜，设置参数如图7-33、图7-34所示。

图7-33　　　　　　　　图7-34

03 执行"滤镜"|"锐化"|"USM锐化"命令，对图像进行锐化，使网点变得清晰，如图7-35、图7-36所示。

04 设置该图层的混合模式为"正片叠底"，如图7-37所示。选择"图层0"，如图7-38所示。

图7-35　　　　　　　　图7-36

图7-37　　　　　　　　图7-38

05 将前景色调整为洋红色（R228，G0，B127）。再次应用"半调图案"滤镜，使用默认的参数，将"图层0"中的图像处理为网点效果，如图7-39所示。执行"滤镜"|"锐化"|"USM锐化"命令，锐化网点。选择移动工具 ✛，按←和↓键轻移图层，使上下两个图层中的网点错开。最后使用裁剪工具 ⊐ 将照片的边缘裁齐，如图7-40所示。

图7-39　　　　　　　　图7-40

7.5 特效实例：制作钢笔淡彩效果

01 钢笔淡彩是钢笔与水彩的结合，它通过钢笔勾画出外形结构，适当表现明暗，再使用淡淡的水彩体现画面的色彩关系。在这个实例中，我们会使用滤镜将一幅照片制作成钢笔淡彩画的效果。按Ctrl+O快捷键，打开素材，如图7-41所示。按Ctrl+J快捷键复制"背景"图层，如图7-42所示。

图7-41　　　　　　　　图7-42

02 按Ctrl+I快捷键将图像反相，设置混合模式为"颜色减淡"，如图7-43所示。此时整个图像接近白色，如图7-44所示。

图 7-43　　　　　图 7-44

03 执行"滤镜"|"其他"|"最小值"命令，设置半径为1像素，如图7-45所示，由于设置了混合模式，人物的轮廓呈现出线描效果，如图7-46所示。在制作风景画时，可以再应用一次"最小值"滤镜，使图像的轮廓更加清晰。

图 7-45　　　　　图 7-46

04 双击"图层1"，打开"图层样式"对话框，按住Alt键拖动"下一图层"中的黑色滑块，如图7-47所示。可以使"图层1"下方的图像（即"背景"）中较暗的内容显示出来，通过这些内容与"图层1"中的线稿相叠加，来丰富图像的细节，如图7-48所示。

 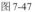

图 7-47　　　　　图 7-48

05 选择"背景"图层，如图7-49所示，按Ctrl+J快捷键进行复制，如图7-50所示，按Ctrl+] 快捷键将复制后的图层移至顶层，如图7-51所示。

图 7-49　　　　图 7-50　　　　图 7-51

06 执行"滤镜"|"滤镜库"命令，打开"滤镜库"，单击"艺术效果"滤镜组前面的 ▶ 按钮，展开滤镜组，选择"水彩"滤镜，设置参数如图7-52所示。

图 7-52

07 设置混合模式为"颜色"，可将照片的颜色恢复一些，实现淡彩效果。在发丝的边缘有一些笔触痕迹，可以通过蒙版进行隐藏。方法是单击"图层"面板底部的 ▣ 按钮，创建蒙版，使用画笔工具 ✏ 在发丝上涂抹黑色，将这部分色彩隐藏，如图7-53、图7-54所示。

图 7-53　　　　　图 7-54

7.6 特效实例：在气泡中奔跑

01 按Ctrl+N快捷键，打开"新建文档"对话框，新建一个大小为400像素×400像素、72像素/英寸、黑色背景的RGB模式文件。

02 执行"滤镜"|"渲染"|"镜头光晕"命令，设置参数如图7-55所示，效果如图7-56所示。

图7-55

图7-56

03 执行"滤镜"|"扭曲"|"极坐标"命令，选择"极坐标到平面坐标"选项，如图7-57所示，效果如图7-58所示。执行"图像"|"图像旋转"|"180度"命令，旋转图像，如图7-59所示。

04 再次打开"极坐标"对话框，这次选择"平面坐标到极坐标"选项，即可生成一个气泡，如图7-60、图7-61所示。使用椭圆选框工具，按住Shift键创建圆形选区，选择气泡，如图7-62所示。

图7-57

图7-58

图7-59

图7-60

> **tip** 在创建选区时，可以同时按住空格键移动选区的位置，使选区与气泡中心对齐。

图7-61

图7-62

05 打开素材，如图7-63所示，使用移动工具 ⊕ 将气泡拖入该文档中，适当调整大小，设置气泡图层的混合模式为"滤色"，如图7-64、图7-65所示。

图7-63

图7-64

图7-65

06 按Ctrl+J快捷键复制气泡图层，使气泡更加清晰，如图7-66所示。按住Ctrl键，单击气泡图层的缩览图，载入气泡的选区，如图7-67、图7-68所示。

图7-66

图7-67

图 7-68

07 按Shift+Ctrl+C快捷键，合并拷贝图像，再按Ctrl+V快捷键，将图像粘贴到一个新的图层中，如图7-69所示。按Ctrl+T快捷键，显示定界框，移动图像位置并缩

小，再复制一个气泡并缩小，放在画面的右下角，如图7-70所示。

图 7-69

图 7-70

7.7 特效实例：时尚水晶球

01 按Ctrl+O快捷键，打开素材，这是一个分层文件，如图7-71、图7-72所示。

图 7-71　　　　　　　图 7-72

02 选择椭圆选框工具 ◯，按住Shift键创建一个圆形选区，如图7-73所示。执行"滤镜"|"扭曲"|"球面化"命令，设置数量为100%，如图7-74、图7-75所示。按Alt+Ctrl+F快捷键，再次应用该滤镜，加大膨胀效果，使条纹的扭曲效果更明显，如图7-76所示。

图 7-73　　　　　　　图 7-74

图 7-75　　　　　　　图 7-76

03 按Shift+Ctrl+I快捷键反选，按Delete键删除选区内的图像，按Ctrl+D快捷键取消选择，如图7-77所示。单击"图层1"前面的眼睛图标 ◉，隐藏该图层，选择"图层0"，如图7-78所示。

图 7-77　　　　　　　图 7-78

04 按Ctrl+T快捷键显示定界框，将光标放在定界框的一角，按住Shift键拖动鼠标，将图像旋转30度，如图7-79所示。再按住Alt键拖动定界框边缘，将图像放大，布满画面，如图7-80所示。按Enter键确认操作。

图 7-79　　　　　　　图 7-80

05 执行"滤镜"|"模糊"|"高斯模糊"命令，设置半径为15像素，如图7-81所示，效果如图7-82所示。

06 按Ctrl+J快捷键复制"背景"图层，设置混合模式为"正片叠底"，不透明度为60%，如图7-83、图7-84所示。

图 7-81　　　　　　　图 7-82

图 7-83　　　　　　　图 7-84

07 按Ctrl+E快捷键向下合并图层，如图7-85所示。执行"图层"|"新建"|"背景图层"命令，将所选图层转换为背景图层，如图7-86所示。

图 7-85　　　　　　　图 7-86

08 选择并显示"图层1"，如图7-87所示。通过自由变换操作调整圆球的大小和角度，如图7-88所示。

图 7-87　　　　　　　图 7-88

09 选择画笔工具，设置不透明度为20%，如图7-89所示。新建一个图层，按Alt+Ctrl+G快捷键创建剪贴蒙版，如图7-90所示。在圆球的底部涂抹白色，如图7-91所示。

图 7-89

图 7-90　　　　　　　图 7-91

10 在顶部涂抹黑色，表现出明暗过渡效果，如图7-92所示。新建一个图层，创建剪贴蒙版。使用椭圆工具，按住Shift键绘制一个黑色的圆形，如图7-93所示。

图 7-92　　　　　　　图 7-93

11 使用椭圆选框工具创建一个选区，将大部分圆形选取，仅保留一个细小的边缘，如图7-94所示。按Delete键删除图像，按Ctrl+D快捷键取消选择，如图7-95所示。

图 7-94　　　　　　　图 7-95

12 单击按钮锁定该图层的透明像素，如图7-96所示。使用画笔工具涂抹白色，由于画笔工具设置了不透明度，因此，在黑色图形上涂抹白色时，会表现为灰色，这就使原来的黑边有了明暗变化，如图7-97所示。

图 7-96　　　　　　　图 7-97

13 新建一个图层。在"画笔"下拉面板中选择"半湿描边油彩笔"，如图7-98所示。将不透明度设置为

97

100%，可按] 键和 [键放大或缩小笔尖，为圆球绘制高光，效果如图7-99所示。

图7-98　　　　　　　　图7-99

tip 单击"画笔"下拉面板右上角的 ☰ 按钮，打开下拉菜单，选择"大列表"命令，面板中会显示画笔缩览图和画笔名称。

14 按住Shift键单击"图层2"，选取所有组成圆球的图层，如图7-100所示，按Ctrl+E快捷键合并图层，如图7-101所示。

图7-100　　　　　　图7-101

15 使用移动工具 ✛，按住Alt键拖动圆球进行复制。按Ctrl+L快捷键打开"色阶"对话框，将阴影滑块和中间调滑块向右侧调整，使圆球色调变暗，如图7-102、图7-103所示。

图7-102　　　　　　　图7-103

16 用同样的方法复制圆球，调整大小和明暗，最终效果如图7-104所示。

图7-104

7.8 特效实例：流彩凤凰

01 按Ctrl+N快捷键，打开"新建文档"对话框，新建一个大小为800像素×600像素、72像素/英寸、黑色背景的RGB模式文件。按Ctrl+J快捷键复制背景图层，得到"图层1"，如图7-105所示。

02 执行"滤镜"|"渲染"|"镜头光晕"命令，选择"电影镜头"选项，设置亮度为100%，在预览框的中心单击，将光晕设置在画面的中心，如图7-106所示，图像效果如图7-107所示。

图7-105　　　　　　　图7-106

图 7-107

03 再次执行该命令，打开"镜头光晕"对话框，在预览框的左上角单击，定位光晕中心，如图7-108所示，单击"确定"按钮关闭对话框。再次执行该命令，这一次将光晕定位在画面的右下角，使这3个光晕形成一条斜线，如图7-109所示，效果如图7-110所示。

图 7-108　　　　　　　　　图 7-109

图 7-110

04 执行"滤镜"|"扭曲"|"极坐标"命令，在打开的对话框中选择"平面坐标到极坐标"选项，如图7-111、图7-112所示。按Ctrl+T快捷键显示定界框，单击鼠标右键，在弹出的菜单中选择"垂直翻转"命令，再选择"逆时针旋转90度"命令，然后将图像放大并调整位置，如图7-113所示。

图 7-111　　　　　　　　　图 7-112

图 7-113

05 按Ctrl+J快捷键复制"图层1"，得到"图层1拷贝"，设置混合模式为"变亮"，如图7-114所示。按Ctrl+T快捷键显示定界框，将图像沿逆时针方向旋转，并适当放大，如图7-115所示。

图 7-114　　　　　　　　　图 7-115

06 再次按Ctrl+J快捷键复制"图层1拷贝"，再将图像沿顺时针方向旋转，如图7-116所示。使用橡皮擦工具擦除这一图层中的小光晕，只保留图7-117所示的大光晕。

图 7-116　　　　　　　　　图 7-117

07 按Ctrl+J快捷键复制当前图层，将复制后的图像缩小，朝逆时针方向旋转，将光晕定位在图7-118所示的位置，形成凤凰的头部。

08 选择渐变工具 ▨，在工具选项栏中单击"径向渐变"按钮 ◨，再单击渐变颜色条，打开"渐变编辑器"，调整渐变颜色，如图7-119所示。新建一个图层，填充径向渐变，如图7-120所示。设置该图层的混合模式为"叠加"，效果如图7-121所示。

图7-118　　　　　　　图7-119

图7-120　　　　　　　图7-121

09 按Alt+Shift+Ctrl+E快捷键，将图像盖印到一个新的图层（图层3）中，保留"图层3"和背景图层，将其他图层删除，如图7-122所示。调整图像的高度，并将它移动到画面中心，如图7-123所示。使用橡皮擦工具 ◢ 擦除整齐的边缘，在处理靠近凤凰边缘的位置时，将橡皮擦的不透明度设置为50%，这样修边时可以使边缘变浅，颜色不再强烈，如图7-124所示。

图7-122　　　　　　　图7-123

图7-124

10 按Ctrl+J快捷键复制当前图层，设置复制后图层的混合模式为"变亮"，再将它沿逆时针方向旋转，如图7-125所示。使用橡皮擦工具 ◢ 擦除多余的区域，如图7-126所示。

图7-125　　　　　　　图7-126

11 按Ctrl+U快捷键打开"色相/饱和度"对话框，调整色相参数为-180，如图7-127、图7-128所示。

图7-127　　　　　　　图7-128

12 继续用上面的方法制作其余的图像，可以先复制凤尾图像，再调整颜色和大小，组合排列成为凤凰的形状，完成后的效果如图7-129所示。

图7-129

7.9 课后作业：用"减少杂色"滤镜降噪

　　本章学习了 Photoshop 基本操作方法。下面通过课后作业来强化学习效果。如果有不清楚的地方，请看一下视频教学录像。

降噪是通过模糊图像的方法使噪点看上去不明显。在Photoshop中，图像内容和色彩信息保存在颜色通道，因此，噪点在颜色通道中也会有所反应。有的颜色通道噪点多一些，有的可能少一些。如果对噪点多的通道进行较大幅度的模糊，对噪点少的通道进行轻微模糊，或者不做处理，就可以在确保图像清晰度的情况下，最大限度地消除噪点。

素材　　　　　　　　　减少通道中的杂色

7.10 课后作业：制作两种球面全景图

"滤镜"|"扭曲"|"极坐标"滤镜可以制作两种完全不同的球面全景图效果。

制作第1种效果时，在"极坐标"对话框中选择"平面坐标到极坐标"复选项，对图像进行扭曲，然后按Ctrl+T快捷键显示定界框，拖动控制点，将天空调整为球状。此外，还可以使用仿制仿制图章工具 ⚫ 对草地进行修复。

第2种效果则需要先执行"图像"|"图像大小"命令，将画布改为正方形（不要勾选"约束比例"复选项）；再用"图像"|"图像旋转"|"180度"命令，将图像翻转过去，然后才能使用"极坐标"滤镜进行处理。

球面全景图效果1　　　　　　　球面全景图效果2

效果1素材

效果1参数

效果2素材

7.11 复习题

1. 滤镜是基于什么原理生成特效的？
2. 编辑CMYK模式的图像时，有些滤镜无法使用该怎么办？
3. 智能滤镜有哪些优点？

第8章

UI设计

图层样式与特效

图层样式也叫图层效果，它可以为图层中的图像添加诸如投影、发光、浮雕和描边等效果，创建具有真实质感的水晶、玻璃、金属和纹理特效。图层样式可以随时修改、隐藏或删除，具有非常强的灵活性。此外，使用系统预设的样式，或者载入外部样式，只需轻点鼠标，便可以将效果应用于图像。图层样式不能用于"背景"图层。如果非要应用，可以按住 Alt 键双击"背景"图层，将它转换为普通图层，然后再为其添加效果。

扫描二维码，关注李老师的微博、微信。

8.1 关于 UI 设计

UI 是 User Interface 的简称，译为用户界面或人机界面，这一概念是上个世纪 70 年代由施乐公司帕洛阿尔托研究中心（Xerox PARC）施乐研究机构工作小组提出的，并率先在施乐一台实验性的计算机上使用。

UI 设计是一门结合了计算机科学、美学、心理学、行为学等学科的综合性艺术，它为了满足软件标准化的需求而产生，并伴随着计算机、网络和智能化电子产品的普及而迅猛发展。UI 的应用领域主要包括手机通讯移动产品、电脑操作平台、软件产品、PDA 产品、数码产品、车载系统产品、智能家电产品、游戏产品和产品的在线推广等。国际和国内很多从事手机、软件、网站、增值服务的企业和公司，都设立了专门从事 UI 研究与设计的部门，以期通过 UI 设计提升产品的市场竞争力。图 8-1 所示为 UI 图标设计，图 8-2～图 8-4 所示为软件和平板电脑操作界面设计。

图 8-1

图 8-2

图 8-3

图 8-4

学习重点　　添加图层样式/P103　　　　　　　设置全局光/P105　　　　　　　果酱效果/P107
　　　　　　　效果概览/P103　　　　让效果与图像比例相匹配/P106　　创意巧克力/P108　

8.2 图层样式

图层样式也叫图层效果。这是一种可以为图层添加特效的神奇功能，能够让平面的图像和文字呈现立体效果，还能生成真实的投影、光泽和图案。

8.2.1 添加图层样式

图层样式需要在"图层样式"对话框中设置。有两种方法可以打开该对话框。一种方法是在"图层"面板中选择一个图层，然后单击面板底部的 *fx* 按钮，在打开的下拉菜单中选择需要的样式，如图8-5所示；另一种方法是双击一个图层，如图8-6所示，直接打开"图层样式"对话框，然后在左侧的列表中选择需要添加的效果，如图8-7所示。

单击可显示"样式"面板中的各种效果　　当前正在设置的样式　　样式的预览效果

高级混合选项

效果列表

删除效果
向下移动效果
向上移动效果

图8-5　　　　　　　图8-6　　　　　　　　图8-7

"图层样式"对话框左侧是效果列表，单击一种效果即可启用它，这时对话框右侧会显示相关的参数选项，此时可一边调整参数，一边观察图像的变化情况。如果单击选中效果名称前的复选框，则可应用该效果，但不会显示效果选项。

"描边""内阴影""颜色叠加"等效果右侧都有 ⊞ 状按钮，单击该按钮，可以增加一个相应的效果。如果添加了多个相同的效果，则单击一个效果，再单击 ⬆ 按钮和 ⬇ 按钮，可以调整它们的堆叠顺序。此外，在"图层"面板中，上下拖动它们，也可以调整堆叠顺序。

8.2.2 效果概览

● "斜面和浮雕"效果：可以对图层添加高光与阴影的各种组合，使图层内容呈现立体的浮雕效果，如图8-8所示。

● "描边"效果：可以使用颜色、渐变或图案描画对象的轮廓，如图8-9所示。它对于硬边形状，如文字等特别有用。

图8-8

 图层和组可以分别添加图层样式。　　　　　　图8-9

● "内阴影" 效果： 可以在紧靠图层内容的边缘内添加阴影， 使其产生凹陷效果， 如图 8-10 所示。

图 8-10

● "内发光" 效果： 可以沿图层内容的边缘向内创建发光效果， 如图 8-11 所示。

图 8-11

● "光泽" 效果： 可以应用具有光滑光泽的内部阴影， 通常用来创建金属表面的光泽外观， 如图 8-12 所示。

图 8-12

● "颜色叠加" 效果： 可以在图层上叠加指定的颜色， 如图 8-13 所示。 通过设置颜色的混合模式和不透明度， 可以控制叠加效果。

图 8-13

● "渐变叠加" 效果： 可以在图层上叠加渐变颜色， 如图 8-14 所示。

图 8-14

● "图案叠加" 效果： 可以在图层上叠加图案， 如图 8-15 所示。 对图案可以缩放、 设置不透明度和混合模式。

图 8-15

● "外发光" 效果： 可以沿图层内容的边缘向外创建发光效果， 如图 8-16 所示。

图 8-16

● "投影" 效果： 可以为图层内容添加投影， 使其产生立体感， 如图 8-17 所示。

图 8-17

8.2.3 编辑图层样式

● 修改效果参数： 添加图层样式以后， 如图 8-18 所示， 图层下面会出现具体的效果名称， 双击一个效果， 如图 8-19 所示， 可以打开 "图层样式" 对话框修改参数， 如图 8-20、 图 8-21 所示。

图 8-18　　　　　　图 8-19

图 8-20　　　　　　图 8-21

- 隐藏与显示效果：每一个效果前面都有眼睛图标 ⊙ ，单击该图标可以隐藏效果，如图 8-22 所示。再次单击则重新显示效果，如图 8-23 所示。

图 8-22　　　　　　图 8-23

- 复制效果：按住 Alt 键，将效果图标 fx 从一个图层拖动到另一个图层，可以将该图层的所有效果都复制到目标图层，如图 8-24、图 8-25 所示。如果只需要复制一个效果，可以按住 Alt 键拖动该效果的名称至目标图层。

图 8-24　　　　　　图 8-25

- 删除效果：如果要删除一种效果，可将它拖动到面板底部的 🗑 按钮上。如果要删除一个图层的所有效果，可以将效果图标 fx 拖动到 🗑 按钮上。
- 关闭效果列表：如果觉得"图层"面板中一长串的效果名称占用了太多空间，可以单击效果图标右侧的 按钮，将列表关闭。

8.2.4 设置全局光

在"图层样式"对话框中，"投影""内阴影""斜面和浮雕"效果都包含一个"使用全局光"选项，全局光可以让文档使用同一个光照角度，这有助于效果更加真实、合理，如图 8-26 所示。但我们也可根据需要为效果设置单独的光照，使之脱离全局光的束缚，如图 8-27 所示。操作方法也很简单，只需取消对"全局光"选项的选择，再调整它的参数即可。

图 8-26　　　　　　图 8-27

8.2.5 调整等高线

等高线是一个地理名词，指的是地形图上高程相等的各个点连成的闭合曲线。Photoshop 中的等高线用来控制效果在指定范围内的形状，以模拟不同的材质。

在"图层样式"对话框中，"投影""内阴影""内发光""外发光""斜面和浮雕""光泽"效果都可设置等高线。在使用时，可以单击"等高线"选项右侧的按钮，打开下拉面板，选择预设的等高线样式，如图 8-28 所示。也可以单击等高线缩览图，打开"等高线编辑器"，创建自定义的等高线，如图 8-29 所示。等高线编辑器与"曲线"基本相同，添加控制点并改变等高线形状后，Photoshop 会将当前色阶映射为新的色阶，使相应效果的形状发生改变。

图 8-28　　　　　　图 8-29

创建投影和内阴影效果时，可以通过"等高线"来指定投影的渐隐样式，如图 8-30、图 8-31 所示。创建发光效果时，如果使用纯色作为发光颜色，等高线允许创建透明光环；使用渐变填充发光时，等高线允许创建渐变颜色和不透明度的重复变化。在斜面和浮雕效果中，可以使用"等高线"勾画在浮雕处理中被遮住的起伏、凹陷和凸起。

如图 8-34、图 8-35 所示。

图 8-30　　　　　图 8-31

图 8-32　　　　　图 8-33

8.2.6　让效果与图像比例相匹配

在对添加了图层样式的对象进行缩放时一定要注意，效果是不会改变比例的。例如，图 8-32 所示为缩放前的图像，图 8-33 所示为将图像缩小 50% 后的效果。缩放图像会导致发光范围和投影过大、描边过粗等与原有效果不一致的现象，看起来就像小孩子穿着大人的衣服，很不协调。遇到这种情况时，可以执行"图层"|"图层样式"|"缩放效果"命令，在打开的对话框中对效果进行缩放，使其与图像的缩放比例相一致，

图 8-34　　　　　图 8-35

tip　"缩放效果"命令只能缩放效果，而不会缩放添加了效果的图层。

8.3　使用样式面板

"样式"面板用来保存、管理和应用图层样式。Photoshop 提供的预设样式或外部样式库也可以载入到该面板中使用。

8.3.1　样式面板

● 添加样式：选择一个图层，如图 8-36 所示，单击"样式"面板中的一个样式，即可为它添加该样式，如图8-37、图 8-38 所示。

图 8-36　　　　　　　　　图 8-37

图 8-38

● 保存样式：用图层样式制作出满意的效果后，可以单击"样式"面板中的 按钮，将效果保存起来。以后要使用时，选择一个图层，然后单击该样式就可以直接应用，非常方便。

● 删除样式：将"样式"面板中的一个样式拖动到"删除样式"按钮 上，可将其删除。

8.3.2　载入样式库

除了"样式"面板中显示的样式外，Photoshop还提供了其他的样式，它们按照不同的类型放在不同的库中。打开"样式"面板右上角的 按钮，打开面板菜单，选择一个样式库，如图 8-39 所示，弹出一个对话框，如图 8-40 所示，单击"确定"按钮，可载入样式，并替换面板中的样式，如图 8-41 所示。单击"追加"按钮，可以将样式添加到面板中。要恢复为Photoshop 默认的形状，可以打开"形状"下拉面板，选择面板菜单中的"复位形状"命令，在弹出的对话框中单击"确定"按钮即可。

图 8-39　　　　　　　图 8-40　　　　　　　　　　图 8-41

8.4 特效实例：制作果酱

01 打开素材，如图8-42所示。这是在面包片上用眼镜、心形和胡子组成的一个卡通形象。下面通过添加图层样式，赋予图形食物的外观及质感。先为"胡子"添加效果，双击该图层，如图8-43所示。

图 8-42　　　　　　　　　图 8-43

02 在打开的"图层样式"对话框中选择"斜面和浮雕"选项，使图形立体化。单击"光泽等高线"后面的按钮，打开"等高线编辑器"对话框，在等高线上单击并拖动控制点，如图8-44、图8-45所示。再分别添加"投影"和"等高线"效果，如图8-46~图8-48所示。

图 8-44　　　　　　　图 8-45

图 8-46　　　　　　图 8-47

图 8-48

03 按住Alt键，将"胡子"图层的效果图标 *fx* 拖曳到"心形"图层，为该图层复制相同的效果，如图8-49、图8-50所示。

图 8-49　　　　　　图 8-50

04 双击"心形"图层，打开"图层样式"对话框，分别选择"斜面和浮雕"和"投影"选项，将参数调小，如图8-51、图8-52所示。选择"颜色叠加"选项，设置颜色为红色，将心形制作成果酱效果，如图8-53、图8-54所示。

107

图 8-51   图 8-52

图 8-53   图 8-54

05 用同样的方法将"心形"图层的效果复制到"眼镜"图层，如图8-55所示。

图 8-55

tip 相同尺寸的两个文件，如果分辨率不同，即使添加相同参数的图层样式，在效果上也会产生差别。究其原因，在于分辨率对像素的大小产生了影响，进而导致效果的范围出现视觉上的差异。

8.5 UI实例：制作创意巧克力

01 打开素材，如图8-56所示。先来制作背景，通过添加纹理来表现布纹的质感。由于"背景"图层不能应用图层样式，需要先将其转换为普通图层。按住Alt键双击"背景"图层即可完成转换，默认名称为"图层0"，如图8-57所示。

图 8-56   图 8-57

02 双击"图层0"，打开"图层样式"对话框，选择"图案叠加"效果。在"图案"面板菜单中选择"侵蚀纹理"命令，加载该图案库。选择"水平排列"图案，设置混合模式为"正片叠底"，不透明度为70%，缩放为33%，如图8-58、图8-59所示。

图 8-58   图 8-59

03 双击"巧克力"图层，打开"图层样式"对话框，选择"斜面和浮雕"效果，设置样式为"内斜面"，调整参数，使图形产生立体感，如图8-60所示。单击光泽等高线缩览图，打开"等高线编辑器"对话框，单击左下角的控制点，设置"输入"参数为50%，如图8-61所示。再分别添加"内发光"和"投影"效果，如图8-62~图8-64所示。单击"确定"按钮关闭对话框。按Ctrl+J快捷键复制该图层，如图8-65所示。

图 8-60   图 8-61

图 8-69

05 双击"斜面和浮雕"效果，打开"图层样式"对话框，在"光泽等高线"下拉面板中选择"线性"选项，其他参数保持不变，如图8-70、图8-71所示。

图 8-70   图 8-71

06 选择横排文字工具 **T**，输入巧克力的名称与文案，如图8-72所示。

图 8-62   图 8-63

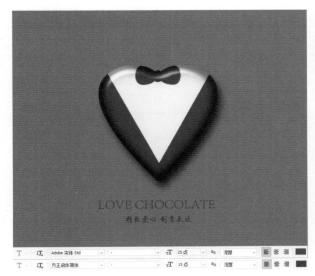

图 8-64   图 8-65

04 分别拖曳"内发光"和"投影"效果到"图层"面板底部的 🗑 按钮上，删除这两种效果，如图8-66、图8-67所示。设置填充不透明度为0%，如图8-68所示，该图层起到的作用是强化巧克力的高光效果，如图8-69所示。

图 8-66   图 8-67   图 8-68

图 8-72

8.6 应用案例：制作手机主屏图标

Photoshop 提供了预设的形状库，这些形状还是比较有限。我们可以从网络上下载各种图形库，载入 Photoshop 中使用，以便可以更加高效地完成绘图工作。需要注意的是，在 Photoshop 中加载的形状、样式和动作等都会占用系统资源，导致 Photoshop 的处理速度变慢。外部加载的形状库在使用完以后最好删除，以便给 Photoshop 减减负，以后需要的时候再加载即可。

01 新建一个750像素×1334像素、72像素/英寸的文档。选择椭圆工具 ○，在工具选项栏中选择"形状"选项，在画布上单击鼠标，在弹出的对话框中设置参数，创建 230像素×230像素大小的圆形，填充渐变颜色，如图 8-73~图8-75所示。

图 8-73   图 8-74   图 8-75

02 单击"图层"面板底部的 fx 按钮，打开下拉菜单，添加"投影"效果，将投影颜色设置为深棕红色，如图 8-76、图8-77所示。

图 8-76   图 8-77

03 单击工具箱中的"前景色"图标，打开"拾色器"，将前景色设置为黄色，如图8-78所示。按Ctrl+J 快捷键，复制圆形形状图层。将填充颜色设置为白色，如图8-79所示。双击"投影"效果，如图8-80所示，打开"图层样式"对话框，修改投影参数，如图8-81所示。选择左侧列表中的"渐变叠加"效果，添加该效果，选择透明条纹渐变（"径向"），如图8-82所示。经过修改后，圆形会变为标靶状图形。关闭"图层样式"对话框。

图 8-78   图 8-79   图 8-80

图 8-81   图 8-82

04 按数字键"2"，这样可以快速将图层的不透明度设置为20%，如图8-83所示。使用移动工具 ✛ 将图形向右上方移动，使它与下方的圆形错开一段位置，如图8-84所示。

图 8-83   图 8-84

05 选择自定形状工具 ✿，在工具选项栏中选择"形状"选项。单击 按钮，打开下拉面板，单击面板右上角的 ✿. 按钮，打开面板菜单，选择"载入形状"命令，如图8-85所示，在打开的对话框中选择形状库素材，如图8-86所示，单击"载入"按钮，将其载入到Photoshop中。

图 8-85   图 8-86

06 选择二维码图形，如图8-87所示，绘制该图形。操作时，先在圆形上方单击并拖曳鼠标，拖曳的过程中再按住Shift键以锁定图形比例。不要一开始就按住Shift键，那样的话，二维码将位于圆形形状图层中并与之进行图形运算。设置它的填充颜色为红色，如图8-88所示。按住Ctrl键单击除"背景"外的各个图层，将它们选取，按

Ctrl+G快捷键编入一个图层组中，如图8-89所示。

图8-87 图8-88 图8-89

07 以上是一个图标的绘制方法。将这一图标（不包括二维码图形）复制5个，然后修改每个图形的填充颜色和"投影"效果颜色；再为它们添加不同的手机功能图形（加载的形状库中都有），如图8-90所示；最后放入手机素材文档中，即可完成一个手机主屏的图标制作，如图8-91所示。

图8-90　　　　图8-91

8.7 课后作业：用样式制作金属特效

本章学习了图层样式与特效的制作方法。下面通过课后作业来强化学习效果。如果有不清楚的地方，请看一下视频教学录像。

在"样式"面板的菜单中，有一个"载入样式"命令，通过该命令，可以将外部样式库载入到Photoshop中使用。下面的作业是载入本书提供的金属效果样式素材（也可以使用其他样式），将其应用到小熊和文字图像上。

素材　　　"载入样式"命令　　　载入的样式　　　添加样式后的图像效果

8.8 课后作业：制作手机UI效果图

下面的作业是使用素材制作一个手机UI效果图。图标是现成的（小猪形象制作方法参见第12章），图标后面的色块可以用圆角矩形工具 来创建，然后输入文字。如果想对齐图标、色块图形和文字，可以用移动工具 选择它们，然后单击工具选项栏中的对齐与分布按钮。设计好版面以后，按Alt+Shift+Ctrl+E快捷键，将当前效果盖印到一个新的图层中，再缩小到适合手机屏幕的大小。

素材　　　实例效果

8.9 复习题

1. 全局光有什么用处？
2. 怎样在不影响图像的情况下单独调整图层样式的比例？

第9章
字体设计
文字与矢量工具

Photoshop 的矢量工具分为三类。第一类是钢笔工具、转换点工具等，主要用来绘图和抠图；第二类是各种形状工具，如矩形工具、椭圆工具和自定形状工具等，它们用来绘制各种固定的矢量图形；第三类是文字工具，用来创建和编辑文字。Photoshop 中的文字是由以数学方式定义的形状组成的，属于矢量对象，在栅格化（即转换为图像）以前，会保留基于矢量的文字轮廓。因此，可以任意缩放文字，或调整文字大小而不会出现锯齿，也可以随时修改文字的内容、字体、段落等属性。

扫描二维码，关注李老师的微博、微信。

9.1 关于字体设计

字体设计具有独特的艺术感染力，被广泛地应用于视觉传达设计中，好的字体设计是增强视觉传达效果、提高审美价值的一种重要组成因素。

字体设计首先应具备易读性，即在遵循形体结构的基础上进行变化，不能随意改变字体的结构，增减笔划，随意造字，切忌为了设计而设计，文字设计的根本目的是为了更好地表达设计的主题和构想理念，不能为变而变；第二要体现艺术性，文字应做到风格统一、美观实用、创意新颖，且有一定的艺术性；第三是要具备思想性，字体设计应从文字内容出发，能够准确地诠释文字的精神含义。

图9-1、图9-2所示是将文字与图画有机结合的字体设计，它充分挖掘文字的含义，再采用图画的形式使字体形象化。图9-3所示为装饰字体设计，它以基本字体为原型，采用内线、勾边、立体、平行透视等变化方法，使字体更加活泼、浪漫，富于诗情画意。图9-4所示为书法字体设计，字体美观流畅、欢快轻盈，具有很强的节奏感和韵律感。

图 9-1

图 9-2

图 9-3

图 9-4

9.2 创建文字

Photoshop 中的文字是由以数学方式定义的形状组成的，在将其栅格化以前，可以任意缩放或调整文字大小，而不会出现锯齿，也可以随时修改文字的内容、字体和段落等属性。

在 Photoshop 中，可以通过3种方法创建文字，即在点上创建、在段落中创建和沿路径创建。Photoshop 提供了4种文字工具，其中，横排

学习重点　创建文字/P113　格式化段落/P115　饮料杯立体字/P119
格式化字符/P114　风格沪　路径运算/P121　游戏登录界面/P126

文字工具 **T** 和直排文字工具 ↓T 用来创建点文字、段落文字和路径文字，横排文字蒙版工具 T 和直排文字蒙版工具 ↓T 用来创建文字状选区。

9.2.1　创建点文字

点文字是一个水平或垂直的文本行。在处理标题等字数较少的文本时，可以通过点文字来完成。

选择横排文字工具 **T**（也可以使用直排文字工具 ↓T 创建直排文字），在工具选项栏中设置字体、大小和颜色，如图9–5所示，在需要输入文字的位置单击，设置插入点，画面中会出现闪烁的"I"形光标，此时可输入文字，如图9–6所示。单击工具选项栏中的 ✓ 按钮，结束文字的输入操作，"图层"面板中会生成一个文字图层，如图9–7所示。如果要放弃输入，可以单击工具选项栏中的 ◎ 按钮或按Esc键。

图9-5

图9-6　　　　　　　　　　　　　图9-7

使用横排文字工具 **T** 在文字上单击，并拖动鼠标选择部分文字，如图9–8所示，在工具选项栏中修改所选文字的颜色（也可以修改字体和大小），如图9–9所示。如果重新输入文字，则可修改所选文字，如图9–10所示。按Delete键可删除所选文字，如图9–11所示。

图9-8　　　　　　　　　图9-9

图9-10　　　　　　　　　图9-11

如果要添加文字内容，可以将光标放在文字行上，光标变为"I"状时，单击鼠标，设置文字插入点，如图

9–12所示，此时输入文字便可添加文字内容，如图9–13所示。

图9-12　　　　　　　　　　　图9-13

> tip　对于从事设计工作的人员，用Photoshop完成海报、平面广告等文字量较少的设计任务是没有任何问题的。但如果是以文字为主的印刷品，如宣传册和商场的宣传单等，最好用排版软件（InDesign）做，因为Photoshop的文字编排功能还不够强大。此外，过于细小的文字打印时容易模糊。

9.2.2　创建段落文字

段落文字是在定界框内输入的文字，它具有自动换行、可调整文字区域大小等优势。在需要处理文字量较大的文本（如宣传手册）时，可以使用段落文字来完成。

选择横排文字工具 **T**，在工具选项栏中设置字体、字号和颜色，在画面中单击，并向右下角拖出一个定界框，如图9–14所示。放开鼠标时，会出现闪烁的"I"形光标，此时可输入文字，当文字到达文本框边界时会自动换行，如图9–15所示。单击工具选项栏中的 ✓ 按钮，完成段落文本的创建。

图9-14　　　　　　　　　　　图9-15

> tip　单击并拖动鼠标定义文字区域时，如果同时按住 Alt 键，会弹出"段落文字大小"对话框，输入"宽度"和"高度"值，可以精确定义文字区域的大小。

创建段落文字后，使用横排文字工具 **T** 在文字中单击，设置插入点，同时显示文字的定界框，如图9–16所示，拖动控制点调整定界框的大小，文字会在调整后的定界框内重新排列，如图9–17所示。按住Ctrl键拖动控制点可缩放文字，如图9–18所示。将光标移至定界框外，当指针变为弯曲的双向箭头时，拖动鼠标可以旋转文字，如图9–19所示。如果同时按住Shift 键，则能够以15°角为增量进行旋转。

图 9-16　　　　　　　　　图 9-17

图 9-18　　　　　　　　　图 9-19

9.2.3　创建路径文字

路径文字是指创建在路径上的文字，文字会沿着路径排列，修改路径的形状时，文字的排列方式也会随之改变。

用钢笔工具 ✐ 或自定形状工具 ⬠ 绘制一个矢量

图形，选择横排文字工具 **T**，将光标放在路径上，光标会变为 ⅉ 状，如图 9-20 所示。单击鼠标，画面中会出现闪烁的 "I" 形光标，此时输入文字，即可沿着路径排列，如图 9-21 所示。选择路径选择工具 ▶ 或直接选择工具 ▷，将光标定位在文字上，当光标变为 ⅉ 状时，单击并拖动鼠标，可以沿着路径移动文字，如图 9-22 所示；向路径另一侧拖动鼠标，则可将文字翻转过去，如图 9-23 所示。

图 9-20　　　　　　　　　图 9-21

图 9-22　　　　　　　　　图 9-23

9.3　编辑文字

输入文字之前，可以在工具选项栏或"字符"面板中设置文字的字体、大小和颜色等属性，创建文字之后，可以通过工具选项栏、"字符"面板和"段落"面板修改字符和段落属性。

9.3.1　格式化字符

格式化字符是指设置字体、文字大小和行距等属性。在输入文字之前，可以在工具选项栏或"字符"面板中设置这些属性，创建文字之后，也可以通过以上两种方式修改字符的属性。图 9-24 所示为横排文字工具 **T** 的选项栏，图 9-25 所示为"字符"面板。默认情况下，设置字符属性时，会影响所选文字图层中的所有文字，如果要修改部分文字，可以先用文字工具将它们选中，再进行编辑。

设置字体　　　　　　设置文字大小　　　　　对齐文本　　显示/隐藏"字符"和"段落"面板

T ⌄ | ↕T | Cooper Std | Black | ⌄| ᴛT 72点 | aa | 锐利 ⌄ | ▤ ▥ ▦ ■ | ⌐ | ▤ | 3D

更改文本方向　　　　设置字体样式　　　　　　消除锯齿　　设置文本颜色　创建变形文字　从文本创建3D

图 9-24

字符面板：

字体系列	黑体	-	字体样式
字体大小	ᴛT 72点	⅄ 3.49点	设置行距
字体微调	V/A 0	VA -25	字距调整
比例间距	🔲 0%		
垂直缩放	ᴵT 158%	T 100%	水平缩放
基线偏移	A⫯ 0点	颜色 ■	文字颜色
特殊字体样式	T T TT Tr T¹ T₁ T̲ T		
OpenType 字体	fi ⍝ st ⍺ aa T 1ˢᵗ ½		
连字及拼写规则	美国英语 ⌄ aa 锐利		消除锯齿

图 9-25

tip 选取文字后，可以使用下面的快捷键来调整文字大小、间距和行距。

● 调整文字大小：选取文字后，按住 Shift+Ctrl 快捷键，并连续按 > 键，能够以2点为增量将文字调大；按 Shift+Ctrl+< 快捷键，则以2点为增量将文字调小。

● 调整字间距：选取文字以后，按住 Alt 键并连续按 → 键，可以增加字间距；按 Alt+← 键，则减小字间距。

● 调整行间距：选取多行文字以后，按住 Alt 键，并连续按 ↑ 键，可以增加行间距；按 Alt+↓ 键，则减小行间距。

9.3.2 格式化段落

格式化段落是指设置文本中的段落属性，如段落的对齐、缩进和文字行的间距等。"段落"面板用来设置段落属性，如图9-26所示。如果要设置单个段落的格式，可以用文字工具在该段落中单击，设置文字插入点，并显示定界框，如图9-27所示；如果要设置多个段落的格式，先要选择这些段落，如图9-28所示。

图9-26

图9-27

图9-28

如果要设置全部段落的格式，则可在"图层"面板中选择该文本图层，如图9-29所示。

图9-29

9.3.3 栅格化文字

文字与路径一样，也是一种矢量对象，因此，渐变工具 及其他图像编辑工具，如画笔工具 、滤镜及各种调色命令都不能用来处理文字。如果要使用上述工具，需要先将文字栅格化。具体操作方法是在文字图层上单击鼠标右键，打开下拉菜单，选择"栅格化文字"命令，如图9-30所示。文字栅格化后会变为图像，文字内容无法修改，如图9-31所示。

图9-30

图9-31

9.4 路径文字实例：手提袋设计

01 打开素材，如图9-32所示。

图9-32

02 将前景色设置为白色。选择自定形状工具 ，单击工具选项栏中的 按钮，打开"形状"下拉面板，单击右上角的 按钮，选择"形状"命令，加载该形状库，如图9-33所示，使用"圆形画框"、"窄边圆框"和"心形"图形绘制手提袋，并在心形上加入企业标志，如图9-34所示。

图9-33

图9-34

03 下面来围绕图像创建路径文本，在这之前，首先要制作用于排列文本的路径，它可以是闭合式的，也可以是开放式的。单击"路径"面板底部的"创建新路径"按钮 ，新建路径层"路径1"，如图9-35所示，选择钢笔工具 ，在工具选项栏中选择"路径"选项，绘制图9-36所示的路径。

图9-35

图9-36

04 选择横排文字工具 ，将光标移至路径上，当光标显示为 状时，单击并输入文字，如图9-37所示。按住Ctrl键将光标放在路径上，光标会显示为 状，单击并沿路径拖动文字，使文字全部显示，如图9-38所示。

图9-37

图9-38

⑤ 将组成手提袋的图层全部选中，按Ctrl+E快捷键合并。按Ctrl+T快捷键显示定界框，再按住Alt+Shift+Ctrl快捷键，并拖动定界框一边的控制点，使图像呈梯形变化，如图9-39所示，按Enter键确认操作。复制当前图层，将位于下方的图层填充为灰色（可单击"锁定透明像素"按钮 ，再对图层进行填色，这样不会影响透明区域），如图9-40所示。制作浅灰色的矩形，按Ctrl+T快捷键，显示定界框，拖动控制点进行调整，表现手提袋的另外两个面，如图9-41所示。

图9-39

图9-40

图9-41

⑥ 将组成手提袋的图层全部选中，按Alt+Ctrl+E快捷键，将它们盖印到一个新的图层中，再按Shift+Ctrl+[快捷键，将该图层移至底层。再按Ctrl+T快捷键，显示定界框，单击鼠标右键，在弹出的快捷菜单中选择"垂

直翻转"命令，然后将图像向下移动，再按住Alt+Shift+Ctrl快捷键并拖动控制点，对图像的外形进行调整，如图9-42所示。设置该图层的不透明度为30%，效果如图9-43所示。

图9-42

图9-43

⑦ 最后可以复制几个手提袋，再通过"图像"|"调整"|"色相/饱和度"命令调整手提袋的颜色，制作出不同颜色的手提袋，如图9-44所示。

图9-44

9.5 特效字实例：牛奶字

① 打开素材，如图9-45、图9-46所示。单击"通道"面板底部的 按钮，创建一个通道，如图9-47所示。选择横排文字工具 ，在工具选项栏中设置字体及大小，在画布上单击并输入文字，结束后单击 ✔ 按钮。由于是在通道中输入的文字，所以它会呈现选区状态。在选区内填充白色，按Ctrl+D快捷键取消选择，如图9-48所示。

图9-45

图9-46

图9-47

图9-48

② 将Alpha 1通道拖曳到面板底部的 按钮上复制。按Ctrl+K快捷键，打开"首选项"对话框，在左侧列表的"增效工具"中，选取"显示滤镜库的所有组和名称"选项，以便让"塑料包装"滤镜出现在滤镜菜单内，然后关闭对话框。执行"滤镜"|"艺术效果"|"塑料包装"命令，参数设置如图9-49所示，效果如图9-50所示。

图9-49 图9-50

图9-58 图9-59

03 按住Ctrl键单击Alpha 1副本通道，载入该通道中的选区，如图9-51所示。按Ctrl+2快捷键返回RGB复合通道，显示彩色图像，如图9-52所示。

图9-51 图9-52

04 单击"图层"面板底部的 ▢ 按钮，新建一个图层，在选区内填充白色，如图9-53、图9-54所示。按Ctrl+D快捷键取消选择。

图9-53 图9-54

05 按住Ctrl键单击Alpha 1通道，载入该通道中的选区，如图9-55所示。执行"选择"|"修改"|"扩展"命令，扩展选区范围，如图9-56、图9-57所示。

图9-55 图9-56

图9-57

06 单击"图层"面板底部的 ▢ 按钮，基于选区创建蒙版，如图9-58、图9-59所示。

07 双击文字所在的图层，打开"图层样式"对话框，分别添加"投影"和"斜面和浮雕"效果，如图9-60~图9-62所示。

图9-60 图9-61

图9-62

08 新建一个图层。将前景色设置为黑色，选择椭圆工具 ◯，在工具选项栏中选择"像素"选项，按住Shift键绘制几个圆形，如图9-63所示。

图9-63

09 执行"滤镜"|"扭曲"|"波浪"命令，对圆点进行扭曲，如图9-64、图9-65所示。

图 9-64

图 9-65

10 按Ctrl+Alt+G快捷键创建剪贴蒙版，将花纹的显示范围限定在下面的文字区域内，如图9-66所示。在画布上添加其他文字，显示"热气球"图层，如图9-67所示。

图 9-66

图 9-67

9.6 特效字实例：糖果字

01 打开素材，如图9-68所示。执行"编辑"|"定义图案"命令，弹出"图案名称"对话框，如图9-69所示，单击"确定"按钮，将纹理定义为图案。

图 9-68

图 9-69

02 再打开一个素材，如图9-70所示。双击文字所在的图层，如图9-71所示，打开"图层样式"对话框。

图 9-70   图 9-71

03 添加"投影""内阴影""外发光""内发光"、"斜面和浮雕""颜色叠加"和"渐变叠加"效果，如图9-72~图9-79所示。

图 9-72   图 9-73

图 9-74   图 9-75

图9-76　　　　　　　　图9-78

图9-79

④ 在左侧列表中选择"图案叠加"效果，单击"图案"选项右侧的三角按钮，打开下拉面板，选择自定义的图

案，设置图案的缩放比例为150%，如图9-80所示。

⑤ 最后添加"描边"效果，如图9-81所示，完成糖果字的制作，如图9-82所示。

图9-80　　　　　　　　图9-81

图9-82

9.7 特效字实例：饮料杯立体字

① 打开素材。文字图形是智能对象，这一点我们从它右下角的状图标上可以看出，如图9-83、图9-84所示。为了防止您的计算机中没有相应字体而无法完成练习，我们通过智能对象的方式提供了素材文字。准确地说，它是矢量图形，如果您安装了Illustrator，双击素材缩览图右下角的图标，可以在Illustrator中打开原文件进行编辑，修改并存储以后，Photoshop中的文字会自动更新到与之相同的效果。

图9-83　　　　　　　　图9-84

② 使用移动工具 将文字拖入饮料杯文档中，执行

"图层"|"栅格化"|"智能对象"命令，将其转换为普通图层，如图9-85所示。执行"编辑"|"变换"|"变形"命令，在文字上显示变形网格，如图9-86所示。

图9-85　　　　　　　　图9-86

③ 将光标放在第一行文字上，按住鼠标向上拖动，如图9-87所示，将最后一行文字向下拖动，如图9-88所示，使文字边缘与饮料杯相契合；再将中间的文字向边缘拖动，如图9-89所示，使得中间的文字略有膨胀感，而两边的文字则经过挤压变瘦，然后按Enter键确认，如图9-90所示。

图 9-87

图 9-88

图 9-89

图 9-90

04 双击该图层，打开"图层样式"对话框，添加"斜面和浮雕"效果；单击"光泽等高线"后面的 按钮，打开"等高线编辑器"，在等高线上单击并拖动控制点，改变等高线的形状，如图9-91所示，再分别添加

"等高线"和"渐变叠加"效果，如图9-92、图9-93所示。即可完成立体字的制作，如图9-94所示。

图 9-91　　　　　　　　　　　　　　　　图 9-92

图 9-93

图 9-94

9.8 矢量功能

　　Photoshop是位图软件，但它也可以绘制矢量图形。矢量图形与光栅类的图像相比，最大的特点是可以任意缩放和旋转，而不会出现锯齿；其次，矢量图形在选择和修改方面也十分方便。

9.8.1 绘图模式

　　Photoshop中的钢笔工具 、矩形工具 、椭圆工具 和自定形状工具 等属于矢量工具，它们可以创建不同类型的对象，包括形状图层、工作路径和像素图形。选择其中的一个矢量工具后，需要先在工具选项栏中选择相应的绘制模式，再进行绘图操作。

　　选择"形状"选项后，可在单独的形状图层中创建形状。形状图层由填充区域和形状两部分组成，填充区域定义了形状的颜色、图案和图层的不透明度，形状则是一个矢量图形，它同时出现在"图层"和"路径"面板中，如图9-95所示。

图 9-95

　　选择"路径"选项后，可创建工作路径，它出现在"路径"面板中，如图9-96所示。路径可以转换为选区或创建矢量蒙版，也可以填充和描边，从而得到光栅化的图像。

图 9-96

选择"像素"选项后，可以在当前图层上绘制栅格化的图形（图形的填充颜色为前景色）。由于不能创建矢量图形，因此，"路径"面板中也不会有路径，如图9-97所示。该选项不能用于钢笔工具。

图9-97

9.8.2 路径运算

用魔棒和快速选择等工具选取对象时，通常都要对选区进行相加、相减等运算，以使其符合要求。使用钢笔或形状等矢量工具时，也可以对路径进行相应的运算，以便得到所需的轮廓。

单击工具选项栏中的 按钮，可以在打开的下拉菜单中选择路径运算方式，如图9-98所示。下面有两个矢量图形，如图9-99所示，邮票是先绘制的路径，人物是后绘制的路径。绘制完邮票图形后，单击不同的运算按钮，再绘制人物图形，就会得到不同的运算结果。

图9-98　　　　图9-99

● 新建图层 ▢：单击该按钮，可以创建新的路径层。

● 合并形状 ▢：单击该按钮，新绘制的图形会与现有的图形合并，如图9-100所示。

图9-100

● 减去顶层形状 ▢：单击该按钮，可从现有的图形中减去新绘制的图形，如图9-101所示。

图9-101

● 与形状区域相交 ▢：单击该按钮，得到的图形为新图形与现有图形相交的区域，如图9-102所示。

● 排除重叠形状 ▢：单击该按钮，得到的图形为合并路径中排除重叠的区域，如图9-103所示。

图9-102

图9-103

● 合并形状组件 ▢：单击该按钮，可以合并重叠的路径组件。

9.8.3 路径面板

"路径"面板用于保存和管理路径，面板中显示了每条存储的路径、当前工作路径和当前矢量蒙版的名称和缩览图，如图9-104所示。

图9-104

● 路径/工作路径/矢量蒙版：显示了当前文档中包含的路径、临时路径和矢量蒙版。

● 用前景色填充路径 ●：用前景色填充路径区域。

● 用画笔描边路径 ○：用画笔工具对路径进行描边。

● 将路径作为选区载入 ⬚：将当前选择的路径转换为选区。

● 从选区生成工作路径 ◇：从当前的选区中生成工作路径。

● 添加蒙版 ▣：单击该按钮，可以从路径中生成图层蒙版，再次单击可生成矢量蒙版。例如，图9-105所示为当前图像，在"路径"面板中选择路径层，如图9-106所示，单击两次"添加蒙版"按钮 ▣，即可从路径中生成矢量蒙版，如图9-107所示。

图 9-105   图 9-106   图 9-107

● 创建新路径 ⬚ ：单击该按钮，可以创建新的路径层。

● 删除当前路径 🗑 ：选择一个路径层，单击该按钮，可以将其删除。

> **tip** 使用钢笔工具或形状工具绘图时，如果单击"路径"面板中的"创建新路径"按钮 ⬚ ，新建一个路径层，再绘图，可以创建路径；如果没有单击 ⬚ 按钮而直接绘图，则创建的是工作路径。工作路径是一种临时路径，用于定义形状的轮廓。将工作路径拖动到面板底部的 ⬚ 按钮上，可将其转换为路径。

9.9 用钢笔工具绘图

　　钢笔工具是 Photoshop 中最为强大的绘图工具，它主要有两种用途，一是绘制矢量图形，二是用于描摹对象的轮廓，再将其转换为选区。在作为选择工具使用时，钢笔工具描绘的轮廓光滑、准确，将路径转换为选区，就可以准确地选择对象。

9.9.1 了解路径与锚点

　　路径是由钢笔工具或形状工具创建的矢量对象。一条完整的路径由一个或多个直线段或曲线段组成，用来连接这些路径段的对象是锚点，如图 9-109 所示。锚点分为两种，一种是平滑点，另一种是角点，平滑的曲线由平滑点连接而成，如图 9-109 所示，直线和转角曲线则由角点连接而成，如图 9-110、图 9-111 所示。

锚点与路径　　　　　平滑点连接的平滑曲线　　　角点连接的直线　　　角点连接的转角曲线

图 9-108　　　　　　　　图 9-109　　　　　　　　图 9-110　　　　　　　　图 9-111

　　在曲线路径段上，每个锚点都包含一条或两条方向线，方向线的端点是方向点，如图 9-112 所示。移动方向点，可以改变方向线的长度和方向，从而改变曲线的形状。当移动平滑点上的方向线时，可以同时影响该点两侧的路径段，如图 9-113 所示；移动角点上的方向线时，只影响与该方向线同侧的路径段，如图 9-114 所示。

方向线和方向点　　　移动平滑点上的方向线　　　移动角点上的方向线

图 9-112　　　　　　　　图 9-113　　　　　　　　图 9-114

9.9.2 绘制直线

选择钢笔工具 ✐，在工具选项栏中选择"路径"选项，在文档窗口单击可以创建锚点；放开鼠标按键，然后在其他位置单击，可以创建路径；按住Shift键单击，可锁定水平、垂直或以45度为增量创建直线路径。如果要封闭路径，可在路径的起点处单击。图9-115所示为一个矩形的绘制过程。

图9-115

> **tip** 在"路径"面板中路径层下方的空白处单击，可以取消路径的选择，文档窗口中便不会显示路径。此外，按Ctrl+H快捷键，可以在选择路径的状态下隐藏或显示画面中的路径。

如果要结束一段开放式路径的绘制，可以按住Ctrl键（转换为直接选择工具 ▷），在画面的空白处单击，单击其他工具，或者按Esc键，也可以结束路径的绘制。

9.9.3 绘制曲线

钢笔工具 ✐ 可以绘制任意形状的光滑曲线。选择该工具后，在画面上单击，并按住鼠标按键拖动，可以创建平滑点（在拖动的过程中，可以调整方向线的长度和方向）。将光标移动至下一处位置，单击并拖动鼠标，创建第二个平滑点，继续创建平滑点，可以生成光滑的曲线，如图9-116所示。

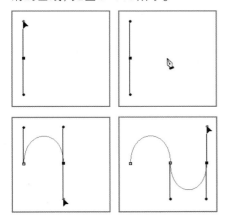

图9-116

9.9.4 绘制转角曲线

转角曲线是与上一段曲线之间出现转折的曲线，要绘制这样的曲线，需要在定位锚点前改变曲线的走向。具体的操作方法是，将光标放在最后一个平滑点上，按住Alt键（光标显示为 ▷ 状）单击该点，将它转换为只有一条方向线的角点，然后在其他位置单击并拖动鼠标，便可以绘制转角曲线，如图9-117所示。

将光标放在平滑点上　　　　按住Alt键单击

在另一处位置单击并拖动鼠标

图9-117

> **tip** 使用钢笔工具 ✐ 时，光标在路径和锚点上会有不同的显示状态，通过对光标的观察，可以判断钢笔工具此时的功能，从而更加灵活地使用钢笔工具绘图。

● ✐*：当光标在画面中显示为 ✐* 状时，单击可以创建一个角点；单击并拖动鼠标，可以创建一个平滑点。

● ✐₊：在工具选项栏中勾选了"自动添加/删除"复选项后，当光标在路径上变为 ✐₊ 状时，单击可以在路径上添加锚点。

● ✐_：勾选了"自动添加/删除"复选项后，当光标在锚点上变为 ✐_ 状时，单击可以删除该锚点。

● ✐₀：在绘制路径的过程中，将光标移至路径起始的锚点上，光标会变为 ✐₀ 状，此时单击可以闭合路径。

● ✐₀：选择一个开放式路径，将光标移至该路径的一个端点上，光标变为 ✐₀ 状时单击，然后便可以继续绘制该路径；如果在绘制路径的过程中，将钢笔工具移至另外一条开放路径的端点上，光标变为 ✐₀ 状时单击，可以将这两段开放式路径连接成为一条路径。

9.9.5 编辑路径形状

直接选择工具 ▷ 和转换点工具 ⌐ 都可以调整方向线。例如，图9-118所示为原图形，使用直接选择工具 ▷ 拖动平滑点上的方向线时，方向线始终保持为一条直线状态，锚点两侧的路径段都会发生改变，如图9-119所示；使用转换点工具 ⌐ 拖动方向线时，则可以单独调整平滑点任意一侧的方向线，而不会影响到另外一侧的方向线和同侧的路径段，如图9-120所示。

图9-118　　　　图9-119　　　　图9-120

tip 转换点工具 ⌐ 可以转换锚点的类型。选择该工具后，将光标放在锚点上，如果当前锚点为角点，单击并拖动鼠标，可将其转换为平滑点；如果当前锚点为平滑点，则单击可以将其转换为角点。

tip 钢笔工具绘制的曲线叫做贝塞尔曲线。它是由法国计算机图形学大师Pierre E.Bézier在20世纪70年代早期开发的一种锚点调节方式，其原理是在锚点上加上两个控制柄，不论调整哪一个控制柄，另外一个始终与它呈一条直线并与曲线相切。贝塞尔曲线具有精确和易于修改的特点，被广泛地应用在计算机图形领域，如Illustrator、CorelDraw、FreeHand、Flash和3ds Max等软件都包含贝塞尔曲线绘制工具。

9.9.6 选择锚点和路径

使用直接选择工具 ▷ 单击一个锚点，可以选择该锚点，选中的锚点为实心方块，未选中的锚点为空心方块，如图9-121所示。单击一个路径段时，可以选

择该路径段，如图9-122所示。使用路径选择工具 ▶ 单击路径，可以选择整个路径，如图9-123所示。选择锚点、路径段和整条路径后，按住鼠标按键不放并拖动，即可将其移动。

图9-121　　　　图9-122　　　　图9-123

9.9.7 路径与选区的转换方法

创建选区后，如图9-124所示，单击"路径"面板中的 ◇ 按钮，可以将选区转换为工作路径，如图9-125、图9-126所示。如果要将路径转换为选区，可以按住Ctrl键，单击"路径"面板中的路径缩览图，如图9-127所示。

图9-124　　　图9-125　　　图9-126　　　图9-127

9.10 用形状工具绘图

Photoshop中的形状工具包括矩形工具 □、圆角矩形工具 ⬜、椭圆工具 ○、多边形工具 ⬡、直线工具 ╱和自定形状工具 ✿，它们可以绘制标准的几何矢量图形，也可以绘制由用户自定义的图形。

9.10.1 创建基本图形

● 矩形工具 □：用来绘制矩形和正方形（按住Shift键操作），如图9-128所示。

● 圆角矩形工具 ⬜：用来创建圆角矩形，如图9-129所示。可以调整圆角半径。

● 椭圆工具 ○：用来创建椭圆形和圆形（按住Shift键操作），如图9-130所示。

图9-128　　　图9-129　　　图9-130

● 多边形工具 ⬡：用来创建多边形和星形，范围为3 ～ 100。单击工具选项栏中的 ✿ 按钮，打开下拉面板，可设置多边形选项，如图9-131、图9-132所示。

● 直线工具 ╱：用来创建直线和带有箭头的线段（按住Shift键操作，可以锁定水平或垂直方向），如图9-133所示。

图9-131　　　　　　　图9-132

图9-133

tip 绘制矩形、圆形、多边形、直线和自定义形状时，在创建形状的过程中，按键盘中的空格键并拖动鼠标，可以移动形状。

9.10.2 创建自定义形状

使用自定义形状工具 ✿ 可以创建 Photoshop 预设的形状、自定义的形状，或者是外部提供的形状。选择该工具后，需要单击工具选项栏中的 按钮，在打开的"形状"下拉面板中选择一种形状，然后单击并拖动鼠标，即可创建该图形，如图 9-134 所示。如果要保持形状的比例，可以按住 Shift 键绘制图形。此外，下拉面板菜单中还包含了 Photoshop 预设的各种形状库，选择一个形状库，可将其加载到"形状"下拉面板中。

将下拉面板中的形状恢复为默认状态

Photoshop 提供的形状库

图 9-134

tip 执行"形状"下拉面板菜单中的"载入形状"命令，在打开的对话框中，选择本书提供的"形状库"中的文件，可将其载入 Photoshop 中使用。

9.11 路径与文字实例：创意版面编排

① 打开素材。单击路径层，画布上会显示路径，如图 9-135、图 9-136 所示。这是一个时尚女郎的轮廓。

图 9-135

图 9-136

Ctrl+Enter 快捷键，将当前的文字路径转换为选区，如图 9-141 所示。

图 9-140

图 9-141

② 选择横排文字工具 **T** ，设置字体、大小和颜色，如图 9-137 所示。将光标移动到图形内部，光标会变为 🅘 状，如图 9-138 所示。需要注意，光标不要放在路径上方，如图 9-139 所示，否则文字会沿路径排列。

图 9-137

图 9-138

图 9-139

③ 单击鼠标，此时会显示定界框，输入文字（文字内容可自定），如图 9-140 所示。按 Ctrl+Enter 快捷键结束操作。单击"路径 1"，重新显示路径，再按一次

④ 按住 Ctrl 键单击"图层"面板底部的 ≡ 按钮，在文字图层下方创建图层，如图 9-142 所示。调整前景色，然后按 Alt+Delete 快捷键，在选区内填充前景色。按 Ctrl+D 快捷键取消选择，效果如图 9-143 所示。

图 9-142

图 9-143

9.12 应用案例：制作游戏登录界面

　　下面我们来使用圆角矩形、矩形、椭圆等工具创建形状图形，通过添加锚点、移动和转换锚点改变路径的外观，使用图形相减的方法得到所需形状，共同组成超人的卡通形象；再用基本的绘图工具，以形状图层的形式制作出游戏登录界面。本练习中，所有形状工具，包括钢笔工具的选项均为"形状"。

01 选择圆角矩形工具 □ ，在工具选项栏中选择"形状"选项，打开"形状"下拉面板，单击 ▣ 按钮打开"拾色器"，设置填充颜色为皮肤色（R255，G205，B159），如图9-144所示；在画面中单击，打开"创建圆角矩形"对话框，设置参数，创建圆角矩形，如图9-145、图9-146所示。

图9-144　　　图9-145　　　图9-146

02 创建形状后，"图层"面板中生成一个形状图层，如图9-147所示，双击它，打开"图层样式"对话框，添加"投影"效果，如图9-148、图9-149所示。

图9-147　　　图9-148　　　图9-149

03 使用矩形工具 □ 创建黑色矩形。选择添加锚点工具 ⬧ ，将光标放在矩形的路径上，如图9-150所示，单击鼠标添加锚点，如图9-151所示，在其右侧再添加一个锚点，如图9-152所示。使用直接选择工具 ▹ ，在按住Shift键的同时单击左侧的锚点，如图9-153所示，将这两个新添加的锚点一同选取，按键盘上的↓键，将它们向下移动，从而改变路径的外观，如图9-154所示；选择转换锚点工具 ⟑ ，分别在这两个锚点上单击，将平滑点转换为角点，如图9-155所示。

图9-150　　　图9-151　　　图9-152

图9-153　　　图9-154　　　图9-155

04 按住Alt键，将"圆角矩形1"的效果图标 fx 拖曳到"矩形1"图层上，如图9-156所示，为该图层复制相同的效果，如图9-157所示。用钢笔工具 ⬧ 绘制眼睛，如图9-158所示。

图9-156　　　图9-157　　　图9-158

05 复制效果到该图层。使用路径选择工具 ▸ ，按住Alt键的同时，向右侧拖动该图形，进行复制，如图9-159所示；执行"编辑"|"变换路径"|"水平翻转"命令，将路径图形水平翻转，如图9-160所示。选择椭圆工具 ○ ，按住Shift键创建圆形，作为眼珠，如图9-161所示。

图9-159　　　图9-160　　　图9-161

06 创建一个矩形，使用直接选择工具 ▹ ，选取并移动图形下方的锚点，形成一个梯形，如图9-162所示。双击该图层，打开"图层样式"对话框，添加"投影"效果，如图9-163、图9-164所示。

图9-162　　　图9-163　　　　　　图9-164

图9-171　　　　图9-172　　　　图9-173

07 再创建一个圆角矩形，设置半径为80像素，如图9-165所示。选择矩形工具 □ ，在工具选项栏中选择"减去顶层形状"选项，如图9-166所示，在圆角矩形右侧与之重叠的位置创建一个矩形，它只负责减去圆角矩形的右半边，使其成为直线，如图9-167所示。

10 采用同样的方法，制作超人身体的其他组成部分，如图9-174所示。选择自定形状工具 ✿ ，在工具选项栏中单击"形状"选项右侧的 按钮，打开"形状"下拉面板，单击面板右上角的 ✿. 按钮，打开面板菜单，选择"符号"命令，加载该形状库，用面板中的符号装饰上衣及腰带，如图9-175、图9-176所示。将小超人图层全部选取，按Ctrl+G快捷键，编入一个图层组中。

图9-165　　　　图9-166　　　　图9-167

08 在该图形的下方创建一个矩形，如图9-168所示。选择工具选项栏中的"合并形状组件"选项，如图9-169所示，弹出一个提示框，单击"是"按钮，合并形状，此时会自动删除多余的路径，如图9-170所示。

图9-168　　　　图9-169　　　　图9-170

tip 创建形状图层或路径后，可以通过"属性"面板调整图形的大小、位置、填色和描边属性。还可以为矩形添加圆角，对两个或更多的形状和路径进行运算。

09 使用路径选择工具 ▶ 单击手臂图形，将其选取，按住Alt键的同时向右拖曳，进行复制，执行"编辑"|"变换路径"|"水平翻转"命令，将图形水平翻转，如图9-171所示。按Ctrl+[快捷键，将该图层移动到身体图层下方，如图9-172、图9-173所示。

图9-174　　　　图9-175　　　　图9-176

11 下面制作登录界面。新建一个750像素×1334像素、72像素/英寸的文档。使用选择矩形工具 □ 创建一个与界面大小相同的矩形，填充内容为渐变，如图9-177、图9-178所示。

图9-177　　　　　　　　图9-178

12 使用椭圆工具 ○ ，在界面下方创建椭圆形，也填充渐变，如图9-179、图9-180所示。需要注意这两个图形虽然都是线性渐变，但角度不同。

图 9-179   图 9-180

13 使用横排文字工具 **T** 输入文字，如图9-181所示。使用圆角矩形工具 ▢ 创建圆角矩形，如图9-182所示。

图 9-181   图 9-182

14 按住Ctrl键单击这两个图层，将它们选取，如图9-183所示，选择移动工具 ✥ ，按住Alt+Shift快捷键向下拖曳鼠标，进行复制，如图9-184所示。

图 9-183   图 9-184

15 在复制后得到的文字图层上双击，如图9-185所示，进入文字编辑状态，输入文字，修改内容，如图9-186所示。

图 9-185   图 9-186

16 选取文字和形状图层，使用移动工具 ✥ 继续向下复制，如图9-187所示。执行"选择"|"取消选择图层"命令，然后使用路径选择工具 ▸ 单击最下方的圆角矩形，将其选取，如图9-188所示。如果不取消图层的选取，则无法通过单击的形式选取圆角矩形。

图 9-187   图 9-188

17 在工具选项栏中取消它的描边，设置填充颜色为渐变，如图9-189所示，然后将图层的混合模式修改为"柔光"，如图9-190、图9-191所示。

图 9-189   图 9-190   图 9-191

18 双击该图形所对应的文字图层，修改文字内容为"登录"，并将文字移动到圆角矩形的中央，再使用横排文字工具 **T** 输入文字"忘记密码？"和"注册"，如图9-192所示。

图 9-192

19 使用自定形状工具 ✿ 创建"世界"图形。在工具选项栏中设置填充颜色为白色，如图9-193所示，在"图层"面板中设置图层的不透明度为3%。将这一图层移动到背景图层的上方，如图9-194所示。

图 9-193   图 9-194

20 使用移动工具 ✥ 将另一个文档中的小超人（图层组）拖入登录页文档中，放在"世界"图形上方，如图9-195、图9-196所示。最后是制作一个状态栏，操作方法比较简单，这里就不赘述了。状态栏（Status Bar）位于界面最上方，显示信息、时间、信号和电量等。它的规范高度为40像素，如图9-197所示。

图 9-195　　　　　　　　图 9-196　　　　　　　　　　图 9-197

9.13　课后作业：变形字

　　本章学习了文字与矢量工具。下面通过课后作业来强化学习效果。如果有不清楚的地方，请看一下视频教学录像。

　　创建文字以后，选择文字图层，执行"文字"|"文字变形"命令，可以打开"变形文字"对话框，对文字进行变形处理。"样式"下拉列表中有15种变形样式，选择一种之后，还可以调整弯曲程度，以及应用透视扭曲效果。本章的课后作业是使用"变形文字"命令制作标题字。扭曲文字以后，为它添加"投影"效果就可以了。

变形字　　　　　　　　　　　　变形参数　　　　　　　　　　　投影参数

9.14　复习题

1. Photoshop 中的文字，在什么情况下可以随时修改其内容、字体和段落等属性？

2. 在"字符"面板中，字距微调 ⅤⒶ 和字距调整 ⅤⒶ 选项有何不同之处？

3. 路径上的方向点和方向线有什么用途？

第10章
卡通和动漫设计
动画与视频

Photoshop 可以编辑视频文件的各个帧。我们可以使用任意工具在视频上进行编辑和绘制、应用滤镜、蒙版、变换、图层样式和混合模式。进行编辑之后，既可作为 QuickTime 影片进行渲染，也可将文档存储为 PSD 格式，以便在 PremierePro、After Effects 等应用程序中播放。Photoshop 还可以制作动画。利用 Photoshop 的变形、图层样式等功能，可以制作出漂亮的 GIF 动画。

扫描二维码，关注李老师的微博、微信。

10.1 关于卡通和动漫

卡通是英语 "cartoon" 的汉语音译。卡通作为一种艺术形式，最早起源于欧洲。17世纪的荷兰，画家的笔下首次出现了含卡通夸张意味的素描图轴。17世纪末，英国的报刊上出现了许多类似卡通的幽默插图。随着报刊出版业的繁荣，到了18世纪初，出现了专职卡通画家。20世纪是卡通发展的黄金时代，这一时期美国卡通艺术的发展水平居于世界的领先地位，期间诞生了超人、蝙蝠侠、闪电侠和潜水侠等超级英雄形象。二次大战后，日本卡通如火如荼地展开，从手冢治虫的漫画发展出来的日本风味的卡通，再到宫崎骏的崛起，在全世界形成一股强烈的旋风。图10-1所示为各种版本的哆啦A梦趣味卡通形象。

图10-1

动漫属于CG（Computer Graphics 简写）行业，主要是指通过漫画、动画结合故事情节，以平面二维、三维动画和动画特效等表现手法，形成特有的视觉艺术创作模式。它包括前期策划、原画设计、道具与场景设计和动漫角色设计等环节。用于制作动漫的软件主要有2D动漫软件 Animo、Retas Pro、USAnimatton，3D 动漫软件 3ds Max、Maya、Lightwave，网页动漫软件 Flash。动漫及其衍生品有着非常广阔的市场，而且现在动漫也已经从平面媒体和电视媒体扩展到游戏机、网络和玩具等众多领域。

10.2 Photoshop 动画与视频功能

Photoshop 可以制作GIF动画，也可以编辑视频文件的各个帧。不论是制作动画，还是编辑视频，都会用到"时间轴"面板。

10.2.1　视频功能概述

执行"文件"|"打开"命令，在弹出的对话框中选择视频文件，即可在Photoshop中将其打开，如图10-2所示。打开视频文件后，会自动创建一个视频组，组中包含视频图层（视频图层带有 状图标 ），如图10-3所示。视频组中可以创建其他类型的图层，如文本、图像和形状图。可以使用任意工具在视频上进行编辑和绘制、应用滤镜、蒙版、变换、图层样式和混合模式，图10-4所示为添加"颜色查找"调整图层后的效果。进行编辑之后，既可作为 QuickTime 影片进行渲染，也可将文档存储为 PSD 格式，以便在 Premiere Pro、After Effects 等应用程序中播放。

图 10-2　　　　　　　　　　　　　图 10-3　　　　　　　　　　　　图 10-4

> **tip** 在 Photoshop中，可以打开3GP、3G2、AVI、DV、FLV、F4V、MPEG-1、MPEG-4、QuickTime MOV和WAV 等格式的视频文件。

在Photoshop中创建或打开一个图像文件后，执行"图层"|"视频图层"|"从文件新建视频图层"命令，可以将视频导入当前文件中。有些视频采用隔行扫描方式来实现流畅的动画效果，在这样的视频中获取的图像往往会出现扫描线，使用"逐行"滤镜可以消除这种扫描线。

10.2.2　时间轴面板

执行"窗口"|"时间轴"命令，打开"时间轴"面板，如图10-5所示。面板中显示了视频的持续时间，使用面板底部的工具可以浏览各个帧，放大或缩小时间显示，删除关键帧和预览视频。默认状态下，"时间轴"面板为视频编辑模式，如果要制作动画，可单击面板左下角的 按钮，显示动画选项。

图 10-5

10.3 应用案例：制作蝴蝶飞舞动画

01 打开动画素材，如图10-6所示，选择"蝴蝶"图层，如图10-7所示。

图 10-6   图 10-7

02 执行"窗口"|"时间轴"命令，打开"时间轴"面板，单击 ∨ 按钮，在打开的下拉列表中选择"创建帧动画"选项，如图10-8所示，然后单击"创建帧动画"按钮，进入动画编辑状态。在"帧延迟时间"下拉列表中选择0.2秒，将循环次数设置为"永远"，如图10-9所示。

图 10-8   图 10-9

03 单击"复制所选帧"按钮 🗐 ，复制一个动画帧，如图10-10所示。

图 10-10

04 按Ctrl+J快捷键复制"图层 1"，如图10-11所示，隐藏"蝴蝶"图层，如图10-12所示。

图 10-11   图 10-12

05 按Ctrl+T快捷键显示定界框，按住Alt键拖曳右侧控制点，将蝴蝶压扁，如图10-13所示，按Enter键确认操作。

图 10-13

06 单击"播放动画"按钮 ▶ ，查看动画效果，画面中的蝴蝶会不停地扇动翅膀，如图10-14、图10-15所示。再次单击该按钮可停止播放，也可以按空格键进行切换。执行"文件"|"存储为"命令，将动画保存为PSD格式，以后可随时进行修改。

图 10-14   图 10-15

07 动画文件制作完成后，执行"文件"|"导出"|"存储为Web所用格式（旧版）"命令，选择GIF格式，如图10-16所示，单击"存储"按钮将文件保存，之后就可以将该动画文件上传到网上与朋友共同分享了。

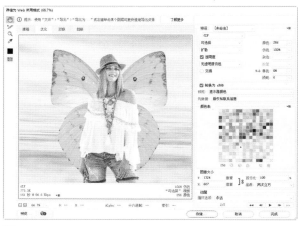

图 10-16

10.4 应用案例：将照片制作成视频

01 按Ctrl+N快捷键，打开"新建文档"对话框，手机视频的尺寸一般为16:9，为使视频上传和播放能够更加顺利，我们最好不要创建太大的文件。在这个实例中，创建一个20像素×1280像素、96像素/英寸的RGB格式文件。

02 打开素材，如图10-17所示。使用移动工具 ✛ 将其拖入文档中，调整好位置，使人物位于画面的右下方，如图10-18所示。

图10-17　　　　　　　　　图10-18

03 使用快速选择工具 ✐ 选取人物及地面，如图10-19所示，按Ctrl+J快捷键将选区内的图像复制到新的图层中，如图10-20所示。

图10-19　　　　　　　　　图10-20

04 执行"图层"|"智能对象"|"转换为智能对象"命令，将"图层2"转换为智能对象，如图10-21所示，将"图层1"拖到面板底部的 🗑 按钮上，删除该图层，如图10-22所示。

图10-21　　　　图10-22

05 打开素材，为使视频效果更吸引眼球，我们选了一张色彩丰富的海天照片，作为人物的背景，如图10-23所示。

图10-23

06 将素材拖入画面中，按Ctrl+[快捷键将其移至"图层2"下方，如图10-24、图10-25所示。将该图层也转换为智能对象。

图10-24　　　　图10-25

07 双击"图层2"，打开"图层样式"对话框，勾选"内发光"选项，将发光颜色设置为深紫色，与背景的暗部色调一致，如图10-26~图10-28所示。

图10-26　　　　图10-27　　　　图10-28

08 执行"窗口"|"时间轴"命令，打开"时间轴"面板，单击"创建视频时间轴"按钮，如图10-29所示，进入视频编辑状态，如图10-30所示。

图10-29　　图10-30

09 单击"图层2"前面的 > 按钮，展开视频图层，单击"变换"轨道前的时间-变化秒表 ⌚，在视频的起始位置添加一个关键帧，如图10-31所示。将当前指示器 拖曳到视频结束位置，如图10-32所示，单击 ◇ 按钮，在视频结束位置上也添加一个关键帧，如图10-33所示。

图 10-31

图 10-32

图 10-33

10 按Ctrl+T快捷键显示定界框，按住Shift键拖动定界框的一角，将人物成比例放大。将光标放在定界框右上角，按住Ctrl键拖动，对图像进行透视调整，如图10-34所示，按Enter键确认操作。选择"图层3"，如图10-35所示。

图 10-34

图 10-35

11 用同样的方法给"图层3"添加关键帧，并对图像大小和位置进行调整，使彩云能够映衬在人物周围，如图10-36、图10-37所示，按Enter键确认操作。

图 10-36

图 10-37

12 单击"时间轴"面板右上角的 ≡ 按钮，打开面板菜单，选择"渲染"命令，在"预设"下拉列表中选择"中等品质"选项，如图10-38所示，单击"渲染"按钮，将视频导出为mp4格式文件，就可以上传手机或视频网站了，效果如图10-39、图10-40所示。

图 10-38

图 10-39

图 10-40

10.5 课后作业：制作文字变色动画

本章学习了视频与动画功能。下面通过课后作业来强化学习效果。如果有不清楚的地方，请看一下视频教学录像。

本章的课后作业是制作一个文字发光和变色的动画。打开素材后，分别创建两个"色相/饱和度"调整图层，改变文字及其发光的颜色；在"图层"面板中隐藏这两个调整图层，在"时间轴"面板中设置当前帧的延迟时间为0.5秒，选择"永远"选项；单击 按钮复制所选帧，在"图层"面板中显示"色相/饱和度1"调整图层；重复上面的操作，复制帧，显示"色相/饱和度2"调整图层。

色相/饱和度1　　　　　　　　　　　　　　色相/饱和度2

10.6 课后作业：从视频中获取静帧图像

执行"文件"|"导入"|"视频帧到图层"命令，弹出"打开"对话框，选择视频素材，单击"载入"按钮，打开"将视频导入图层"对话框，选择"仅限所选范围"选项，然后拖曳时间滑块，定义导入的帧的范围。如果要导入所有帧，可以选择"从开始到结束"选项。

定义导入的帧的范围

将指定范围内的视频帧导入图层中

10.7 复习题

1. 怎样创建一个可以在视频中使用的文档？
2. 在 Photoshop 中编辑视频文件以后，怎样导出为 QuickTime 影片？

11.1 关于包装设计

包装是产品的第一推销员，好的商品要有好的包装来衬托才能充分体现其价值，以便能够引起消费者的注意，扩大企业和产品的知名度。包装具有三大功能，即保护性、便利性和销售性。包装设计应向消费者传递一个完整的信息，即这是一种什么样的商品，这种商品的特色是什么，它适用于哪些消费群体。图11-1所示为 Fisherman 胶鞋包装设计。

图 11-1

包装设计还要突出品牌，巧妙地将色彩、文字和图形组合，形成有一定冲击力的视觉形象，从而将产品的信息准确地传递给消费者。例如，图11-2所示为美国 Gloji 公司灯泡型枸杞子混合果汁包装设计，它打破了饮料包装的常规形象，让人眼前一亮。灯泡形的包装与产品的定位高度契合，传达出的是：Gloji 混合型果汁饮料让人感觉到的是能量的源泉，如同灯泡给人带来光明，似乎也可以带给你取之不尽的力量。该包装在 2008 年 Pentawards 上获得了果汁饮料包装类金奖。

图 11-2

Photoshop 可以打开和编辑 U3D、3ds、OBJ、KMZ 和 DAE 等格式的 3D 文件。这些 3D 文件可以来自于不同的 3D 程序，包括 Adobe Acrobat3DVersion8、3dsMax、Alias、Maya 以及 GoogleEarth 等。使用 Photoshop 还可以制作简单的 3D 模型，并能够像其他 3D 软件那样调整模型的角度、透视，在 3D 空间添加光源和投影，并且 3D 对象还可以导出到其他程序中使用。

扫描二维码，关注李老师的微博、微信。

学习重点   3D面板/P137   调整3D相机/P138   突破屏幕的立体字/P142
         调整3D模型/P138   编辑3D模型的材质/P140   易拉罐包装设计/P143

11.2 3D功能概述

在Photoshop中打开、创建或编辑3D文件时，会自动切换到3D界面。在3D界面中，用户可以轻松地创建3D模型，如立方体、球面、圆柱和3D明信片等，也可以非常灵活地修改场景和对象方向，拖动阴影，重新调整光源位置，编辑地面反射、阴影和其他效果，甚至还可以将3D对象自动对齐至图像中的消失点上。

11.2.1 3D操作界面概览

在Photoshop中打开一个3D文件时，对象的纹理、渲染和光照信息都可以保留，3D模型位于3D图层上，在其下面的条目中显示对象的纹理，如图11-3所示。

3D光源   3D副视图   3D地面   3D工具   3D模型   3D模型使用的材质   3D图层

图11-3

3D文件包含网格、材质和光源等组件。其中，网格相当于3D模型的骨骼，如图11-4所示；材质相当于3D模型的皮肤，如图11-5所示；光源相当于太阳或白炽灯，可以使3D场景亮起来，让3D模型可见，如图11-6所示。

图11-4   图11-5   图11-6

11.2.2 3D面板

如果要单独打开3D文件，可执行"文件"|"打开"命令，然后选择该文件。如果要在打开的文件中将3D文件添加为图层，可以执行"3D"|"从3D文件新建图层"命令，然后选择该3D文件。

选择 3D 模型，如图 11-7 所示，或在"图层"面板中选择 3D 图层后，"3D"面板中会显示与之关联的 3D 文件组件。面板顶部有 4 个按钮，分别是场景 ⛰、网格 ▦、材质 ◕ 和光源 ♀ 按钮。单击场景 ⛰ 按钮，可以显示 3D 场景中的所有条目（网格、材质和光源），如图 11-8 所示。单击其他按钮，则会单独显示网格、材质和光源，如图 11-9~图 11-11 所示。

图 11-7　　　　图 11-8

图 11-9　　　图 11-10　　　图 11-11

● 场景：单击"场景"按钮 ⛰，"3D"面板中会列出场景中的所有条目。

● 网格：单击"网格"按钮 ▦，面板中只显示网格组件，此时可以在"属性"面板中设置网格属性。

● 材质：单击"材质"按钮 ◕，面板中会列出在 3D 文件中使用的材质，此时可以在"属性"面板中设置材质的各种属性。

● 光源：单击"光源"按钮 ♀，面板中会列出场景中所包含的全部光源。

11.2.3　调整 3D 模型

打开 3D 文件后，选择移动工具 ✛，工具选项栏中会显示一组 3D 工具，如图 11-12 所示，使用这些工具，可以修改 3D 模型的位置、大小，还可以修改 3D 场景视图，调整光源位置。

图 11-12

● 旋转 3D 对象工具 ☍：在 3D 模型上单击，选择模型，如图 11-13 所示，上下拖动，可以使模型围绕其 X 轴旋转，如图 11-14 所示；两侧拖动，可以围绕其 Y 轴旋转，如图 11-15 所示。

图 11-13　　　　图 11-14　　　　图 11-15

● 滚动 3D 对象工具 ◎：在 3D 对象两侧拖动，可以使模型围绕其 z 轴旋转，如图 11-16 所示。

● 拖动 3D 对象工具 ✚：在 3D 对象两侧拖动，可沿水平方向移动模型，如图 11-17 所示；上下拖动，可沿垂直方向移动模型。

● 滑动 3D 对象工具 ✜：在 3D 对象两侧拖动，可以沿水平方向移动模型，如图 11-18 所示；上下拖动，可以将模型移近或移远。

图 11-16　　　　图 11-17　　　　图 11-18

● 缩放 3D 对象工具 ◨：单击 3D 对象，并上下拖动，可以放大或缩小模型。

> **tip** 移动 3D 对象以后，执行"3D"|"将对象移到地面"命令，可以使其紧贴到 3D 地面上。

11.2.4　调整 3D 相机

进入 3D 操作界面后，在模型以外的空间单击（当前工具为移动工具 ✛），如图 11-19 所示，便可通过操作调整相机视图，同时保持 3D 对象的位置不变。例如，旋转 3D 对象工具 ☍ 可以旋转相机视图，如图 11-20 所示；使用滚动 3D 对象工具 ◎ 可以滚动相机视图，如图 11-21 所示；使用拖动 3D 对象工具 ✚，可以让相机沿 X 轴或 Y 轴方向平移。

图 11-19　　　　图 11-20　　　　图 11-21

11.2.5 通过3D轴调整模型和相机

选择3D对象后，画面中会出现3D轴，如图11-22所示，它显示了3D空间中模型（或相机、光源和网格）在当前X、Y和Z轴的方向。将光标放在3D轴的控件上，使其高亮显示，如图11-23所示，然后单击并拖动鼠标即可移动、旋转和缩放3D项目（3D模型、相机、光源和网格）。

图11-22　　　　　　　　图11-23

- 沿X/Y/Z轴移动项目：将光标放在任意轴的锥尖上，向相应的方向拖动，如图11-24所示。

图11-24

- 旋转项目：单击轴尖内弯曲的旋转线段，此时会出现旋转平面的黄色圆环，围绕3D轴中心沿顺时针或逆时针方向拖动圆环，即可旋转模型，如图11-25所示。如果要进行幅度更大的旋转，可以将鼠标向远离3D轴的方向移动。

图11-25

- 调整项目大小（等比缩放）：向上或向下拖动3D轴中的中心立方体，如图11-26所示。
- 沿轴压缩或拉长项目（不等比缩放）：将某个彩色的变形立方体朝中心立方体拖动，或向远离中心立方体的位置拖动，如图11-27所示。

图11-26

图11-27

11.2.6 调整点光

Photoshop提供了点光、聚光灯和无限光，这3种光源有各自不同的选项和设置方法。点光在3D场景中显示为小球状，它就像灯泡一样，可以向各个方向照射，如图11-28所示。使用拖动3D对象工具✥和滑动3D对象工具✥可以调整点光位置。点光包含"光照衰减"选项组，勾选"光照衰减"复选项后，可以让光源产生衰减变化，如图11-29、图11-30所示。

图11-28　　　　图11-29　　　　图11-30

11.2.7 调整聚光灯

聚光灯在3D场景中显示为锥形，它能照射出可调整的锥形光线，如图11-31所示。使用拖动3D对象工具✥和滑动3D对象工具✥可以调整聚光灯的位置，如图11-32所示。

图11-31　　　　　　　　图11-32

11.2.8 调整无限光

无限光在3D场景中显示为半球状，它像太阳光，可以从一个方向平面照射，如图11-33所示。使用拖动3D对象工具 ✥ 和滑动3D对象工具 ✢，可以调整无限光的位置，如图11-34所示。

11.2.9 存储和导出3D文件

编辑3D文件后，如果要保留文件中的3D内容，包括位置、光源、渲染模式和横截面，可以执行"文件"|"存储"命令，选择PSD、PDF或TIFF作为保存格式。如果要将3D文件导出为Collada DAE、Flash 3D、

Wavefront/OBJ、U3D 和 Google Earth 4 KMZ 格式，则可以在"图层"面板中选择3D图层，然后执行"3D"|"导出3D图层"命令进行操作。

图 11-33　　　　　　　　图 11-34

11.3　3D实例：编辑3D模型的材质

01 按Ctrl+O快捷键，打开3D模型文件，如图11-35所示。单击3D对象所在的图层，如图11-36所示。

图 11-35　　　　　　　　图 11-36

02 选择3D材质拖放工具 ✎，单击工具选项栏中的 ⌄ 按钮，打开"材质"下拉列表，选择"金属-黄铜（实心）"材质，如图11-37所示。将光标放在小熊模型上，单击鼠标，即可将所选材质应用到模型中，如图11-38所示。

图 11-37　　　　　　　　图 11-38

03 打开"3D"面板，单击面板顶部的"光源"按钮 ♀。打开"属性"面板，在"预设"下拉列表中选择"狂欢节"，如图11-39所示，在3D场景中添加该预设灯光，效果如图11-40所示。

04 下面来编辑材质。单击"3D"面板顶部的"材质"按钮 ◈，在"属性"面板中的"漫射"选项右侧有一个 ▣ 按钮，单击该按钮，打开下拉菜单，如图11-41所示，选择"替换纹理"命令，在弹出的对话框中选择金属纹理素材，如图11-42所示，单击"打开"按钮，用它替换原有的材质，效果如图11-43所示。

图 11-39　　　　　　图 11-40　　　　　　图 11-41

图 11-42　　　　　　　　图 11-43

05 单击"漫射"选项右侧的 🖼 按钮打开下拉菜单，选择"编辑纹理"命令，打开纹理素材，如图11-44所示，此时可以使用绘画工具、滤镜和调色命令等编辑材质，也可以用其他图像替换材质。打开素材文件，如图11-45所示，使用移动工具 ✛ 将它拖动到纹理素材文档中，如图11-46所示，单击文档窗口右上角的 ✕ 按钮，关闭文档，弹出一个对话框，单击"是"按钮，即可修改材质，并将其应用到模型上，如图11-47所示。

06 单击"漫射"选项右侧的 🖼 按钮，打开下拉菜单，选择"编辑UV属性"命令，在弹出的"纹理属性"对话框中调整纹理位置（"U比例/V比例"可调整纹理的大小，"U位移/V位移"可调整纹理的位置），如图11-48所示，效果如图11-49所示。单击"确定"按钮关闭对话框。

图 11-44

图 11-45

图 11-48

图 11-49

图 11-46

图 11-47

tip 单击"漫射"选项右侧的 🖼 按钮，打开下拉菜单，选择"新建纹理"命令，可以新建一个材质文档；选择"移去纹理"命令，可以删除3D模型的材质文件。

11.4 3D实例：制作玩具模型

01 打开素材。使用快速选择工具 🖌 选中卡通怪物，如图11-50所示。执行"选择"|"新建3D模型"命令，或"3D"|"从当前选区新建3D模型"命令，即可从选中的图像中生成3D对象，如图11-51所示。

图 11-50

图 11-51

02 单击"3D"面板顶部的"网格"按钮 ▦ ，在"属性"面板中选择一种凸出样式，并设置"凸出深度"为20厘米，如图11-52、图11-53所示。

图 11-52

图 11-53

03 使用旋转3D对象工具 🔄 旋转对象，如图11-54所示。单击"调整"面板中的 ▣ 按钮，创建"曲线"调整图层，调整曲线，增强色调的对比度，如图11-55、图11-56所示。

04 在"图层"面板中选择"背面"图层。采用同样的方法制作卡通怪物背面的立体效果，如图11-57所示。

图 11-54　　图 11-55　　图 11-56　　图 11-57

11.5　3D 实例：突破屏幕的立体字

01 打开素材，如图11-58所示。使用横排文字工具 **T** 输入文字，如图11-59所示。

图 11-58　　图 11-59

02 执行"文字"|"创建3D文字"命令，创建3D立体字。选择移动工具 ✛，在文字上单击，将其选择，在"属性"面板中设置"凸出深度"为500，对文字模型进行拉伸，如图11-60、图11-61所示。

图 11-60　　　　图 11-61

03 在空白处单击，取消对文字的选取。使用旋转3D对象工具 ⟳ 调整相机的角度，如图11-62所示。单击灯光，调整它的照射角度，如图11-63所示。

04 单击"3D"面板底部的 ♀ 按钮，打开下拉菜单，选择"新建无限光"命令，添加一个无限光。调整它的照射方向和参数，如图11-64、图11-65所示。

图 11-62　　　　图 11-63

图 11-64　　　　图 11-65

05 单击"图层"面板底部的 ◻ 按钮，为3D图层添加蒙版。使用柔角画笔工具 ✐ 在文字末端涂抹黑色，如图11-66、图11-67所示。

图 11-66　　　　图 11-67

06 单击"调整"面板中的 ▦ 按钮，创建"色相/饱和度"调整图层，如图11-68所示。按Alt+Ctrl+G快捷键创建剪贴蒙版，使调整图层只影响文字，如图11-69所示。

图 11-68　　　　　　图 11-69

07 使用画笔工具 ✐ 在文字 "Adobe" 上涂抹黑色，让文字恢复原有的颜色，如图11-70、图11-71所示。

图 11-70　　　　　　图 11-71

08 选择 "CC" 图层，执行 "3D" | "从所选图层新建3D模型" 命令，生成3D模型。采用与前面相同的方法调整模型角度和光照，并添加图层蒙版，用画笔工具 ✐ 将文字底部涂黑，将装饰图形所在的图层显示出来，如图11-72所示。

图 11-72

11.6 应用案例：易拉罐包装设计

01 按Ctrl+N快捷键，打开 "新建文档" 对话框，创建一个文件，如图11-73所示。选择渐变工具 ▬，在工具选项栏中单击 "径向渐变" 按钮 ▣，在画布上填充渐变颜色，如图11-74所示。

图 11-73　　　　　　图 11-74

02 新建一个图层，如图11-75所示。执行 "3D" | "从图层新建网格" | "网格预设" | "汽水" 命令，如图11-76所示，在该图层中创建一个3D易拉罐，并切换到3D工作区，如图11-77所示。

图 11-75　　　　　　图 11-76

图 11-77

03 单击 "3D" 面板中的 "标签材质" 选项，如图11-78所示，弹出 "属性" 面板，设置闪亮参数为56%、粗糙度为49%、凹凸为1%，如图11-79、图11-80所示。

图 11-78　　　　　　图 11-79

图 11-80

> **tip** 选择一个图层（可以是空白图层），打开 "3D" | "从图层新建网格" | "网格预设"下拉菜单，选择一个命令，可以生成立方体、球体、金字塔等3D对象。

04 单击"漫射"选项右侧的 📷 图标，打开下拉菜单，选择"替换纹理"命令，如图11-81所示。在打开的对话框中选择易拉罐贴图素材，如图11-82所示，贴图后的效果如图11-83所示。

05 选择缩放3D对象工具 🎥，在窗口中单击并向下拖动鼠标，将易拉罐缩小。再用旋转3D对象工具 🔄 旋转罐体，让商标显示到前方。接着用拖动3D对象工具 ✥ 将它移到画面下方，如图11-84~图11-86所示。

图 11-81

图 11-82

图 11-83

图 11-84

图 11-85   图 11-86

06 打开"漫射"菜单，选择"编辑UV属性"命令，如图11-87所示，在打开的"纹理属性"对话框中设置参数，调整纹理的位置，使贴图能够正确地覆盖在易拉罐上，如图11-88、图11-89所示。

图 11-87   图 11-88

图 11-89

07 按住Ctrl键单击"图层 1"的缩览图，载入易拉罐的选区，如图11-90、图11-91所示。

08 按Shift+Ctrl+I快捷键反选。单击"调整"面板中的 🔲 按钮，创建一个"曲线"调整图层。用这个图层来表现易拉罐边缘的金属质感，增加图像的亮度，产生金属光泽，如图11-92所示。单击面板底部的 🔲 按钮，创建剪贴蒙版，使调整只对易拉罐有效，不会影响背景，如图11-93、图11-94所示。

图 11-90

图 11-91

图 11-92

图 11-93

图 11-94

09 选择"图层 1"，如图11-95所示，再来调整一下易拉罐的光线。单击"3D"面板中的"无限光"条目，如图11-96所示。在"属性"面板中设置颜色强度为93%，如图11-97、图11-98所示。

图 11-95　　　　　图 11-96

图 11-97

图 11-98

10 单击"图层"面板底部的 按钮，新建一个图层。将前景色设置为黑色。选择渐变工具 ，单击"径向渐变"按钮 ，在"渐变"下拉面板中选择"前景色到透明渐变"，在画面中心填充径向渐变，如图11-99、图11-100所示。

图 11-99

图 11-100

11 将该图层拖曳到"图层 1"下方。按Ctrl+T快捷键显示定界框，调整图形高度，使之成为易拉罐的投影，如图11-101、图11-102所示。

图 11-101

图 11-102

12 按Ctrl+O快捷键，打开一个文件，如图11-103、图11-104所示。

图 11-103　　　　　　　　　　图 11-104

⑬ 将素材拖到易拉罐文档中，调整素材的前后位置，
如图11-105、图11-106所示。

图 11-105　　　　　　　　　　图 11-106

11.7　课后作业：从路径中创建 3D 模型

本章学习了 3D 功能。下面通过课后作业来强化学习效果。如果有不清楚的地方，请看一下视频教学录像。

选择路径、形状图层、文字图层、图像图层，或通过选区选取局部图像后，使用"3D"菜单中的命令，可以将其创建为
3D模型。下面的课后作业是使用本书提供的素材文件，从路径中创建3D对象。这需要打开"路径"面板，单击老爷车路
径，然后执行"3D"|"从所选路径新建3D模型"命令。创建模型后，使用旋转3D对象工具 🔄 调整模型角度，使用3D
材质吸管工具 ✏ 在模型正面单击，选择材质，然后在"属性"面板中选择"石砖"材质。

可以创建 3D 模型的命令　　　　单击路径层　　　　　　在画面中显示路径

创建为 3D 模型　　　　　选择"石砖"材质　　　　　最终效果

11.8 课后作业：使用材质吸管工具

下面的作业是练习使用3D材质吸管工具 和"属性"面板，为3D模型贴上材质。操作方法是使用3D材质吸管工具 单击椅子靠背，从3D模型上取样，然后在"属性"面板中选择"棉织物"材质；再用3D材质吸管工具 单击椅子腿或把手，贴上"软木"材质。

为模型选择材质

最终效果

11.9 课后作业：拆分3D对象

在默认情况下，使用"凸出"命令从图层、路径和选区中创建的3D对象，将作为一个整体的3D模型出现。打开素材，用旋转3D对象工具 旋转对象，可以看到，所有文字是一个整体。执行"3D" | "拆分凸出"命令，拆分3D对象，这样就可以选择任意一个字母进行调整。

素材文件

旋转对象时文字是一个整体

拆分3D对象

拆分后可单独旋转和调整每一个文字

11.10 复习题

1. Photoshop 能编辑3D模型本身的多边形网格吗？

2. 在3D场景中添加灯光后，怎样开启阴影功能？

3. 编辑3D文件后，如果要保留文件中的3D内容，包括位置、光源、渲染模式和横截面，应该选择哪种文件格式？

第12章

跨界设计 综合实例

Photoshop 是一个功能非常强大的软件，众多的功能会让初学者感到学习起来很困难。应该说掌握 Photoshop 的使用方法确实具有一定的难度，但它的难度不是体现在功能多，而在于功能间的横向联系十分紧密、交集多。因此，只掌握各个工具、命令和面板的使用方法，而不了解各个功能之间如何协作，就没有办法真正学会 Photoshop。你也许书本中的实例都能完成，但当独立面对图像编辑、照片处理、3D、动画等任务时，又无所适从了。Photoshop 的学习秘诀在于多做练习，只有通过实践才能真正将各种工具融会贯通，让 Photoshop 为我们所用。本章安排的 25 个不同类型的实例，展现了 Photoshop 的高级应用技巧，突出了多种功能协作的特点。希望通过练习，你能真正学有所成。

扫描二维码，关注李老师的微博、微信。

12.1 制作3D西游记角色

01 打开素材，如图12-1所示，选择"唐僧"图层，如图12-2所示。执行"3D"|"从所选图层新建3D模型"命令，生成3D对象，如图12-3所示。

图12-1　　　　　　　图12-2　　　　　　　图12-3

02 单击"3D"面板顶部的"网格"按钮 ▦ ，显示网格组件。在"属性"面板中选择凸出样式，设置"凸出深度"为100%，如图12-4、图12-5所示。

图12-4　　　　　　　图12-5

03 采用同样的方法可以制作出《西游记》中的其他3D形象，如图12-6所示。

图12-6

学习重点　制作毛皮特效字/P151　　标志设计/P169　　动漫美少女形象设计/P182
　　　　　制作激光特效字/P158　　名片设计/P171　　制作冰手特效/P187

12.2 制作搞怪表情涂鸦

01 打开素材，如图12-7所示。单击"图层"面板底部的 🔲 按钮，新建一个图层，如图12-8所示。

图12-7　　　　　　　　　图12-8

02 选择画笔工具 🖊，在"画笔"下拉面板中选择"硬边圆"笔尖，设置大小为15像素，如图12-9所示。在嘴上面画出眼睛、鼻子、帽子和脸的轮廓，如图12-10所示。

图12-9　　　　　　　　　图12-10

03 给人物画一个带有花边的领结，在画面左下角画一个台词框，如图12-11所示，轮廓就画完了。选择魔棒工具 🪄，在工具选项栏中单击"添加到选区"按钮 🔲，设置"容差"为30，不要选中"对所有图层取样"复选框，以保证仅对当前图层进行选取。在眼睛上单击，选取眼睛和眼珠内部的区域，如图12-12所示。

图12-11　　　　　　　　　图12-12

04 在选区内填充白色，按Ctrl+D快捷键取消选择，如图12-13所示。依次选取鼻子、帽子和领结，填充不同的颜色，如图12-14、图12-15所示。按"]"键将笔尖调大，给人物画出两个红脸蛋。在台词框内涂上紫色，用白色写出文字，一幅生动有趣的表情涂鸦作品就制作完成了，如图12-16所示。

图12-13　　　　　　　　　图12-14

图12-15　　　　　　　　　图12-16

12.3 制作超炫立体音符

01 按Ctrl+N快捷键，打开"新建文档"对话框，创建一个1000像素×1300像素、72像素/英寸的黑色背景文件。

02 选择椭圆工具 ⬭，在工具选项栏中选择"路径"选项，在画面中单击，弹出"创建椭圆"对话框，设置圆形的大小，"宽度"为115像素，"高度"为115像素，如图12-17所示，单击"确定"按钮，创建一个圆形路径，如图12-18所示。

图12-17　　　　　　　　　图12-18

03 按Ctrl+Enter快捷键，将路径转换为选区。单击"图层"面板底部的 🔲 按钮，新建一个图层，如图12-19所示。选择渐变工具 ▣，在渐变面板菜单中选择"蜡笔"命令，载入该渐变库，选择一个渐变颜色，单击"角度渐变"按钮 ▣，如图12-20所示，将光标放在圆心位置，按住鼠标向右拖曳至选区边缘，填充角度渐变，如图12-21所示，按Ctrl+D快捷键取消选择。

图12-19　　图12-20　　　　　　　　图12-21

04 选择混合器画笔工具 ✔，设置画笔大小为130像素，画笔组合方式为"干燥，深描"，如图12-22所示。按F5键打开"画笔设置"面板，设置"硬度"为100%，"间距"为1%，如图12-23所示。将光标放在图形上，如图12-24所示，按住Alt键并单击，将圆形载入为画笔，同时在工具选项栏的画笔预览框中会显示该图形，如图12-25所示。

图12-22

图12-24

图12-23　　　　　　图12-25

05 单击"图层1"前面的眼睛图标 👁，将其隐藏，新建"图层2"，用于制作立体音符。单击"路径"面板底部的 🔲 按钮，新建一个路径层。使用钢笔工具 ✍ 绘制一个音符路径，如图12-26、图12-27所示。

图12-26　　　图12-27

06 按住Alt键，单击"路径"面板底部的 ○ 按钮，打开"描边路径"对话框，在"工具"下拉列表中选择"混合器画笔工具"选项，如图12-28所示。画笔参数之前我们都已经设置好了，直接用它描边就可以了，单击"确定"按钮，用画笔描边路径，混合器画笔可以沿路径自动描绘，表现出层叠和扭转的效果。在"路径"面板空白处单击，隐藏路径，效果如图12-29所示。

图12-28　　　　　　　　图12-29

07 单击"调整"面板中的 ▥ 按钮，创建一个"色阶"调整图层，向右拖动阴影滑块和中间调滑块，使音符的颜色变暗一些，单击"属性"面板底部的 🔲 按钮，使颜色调整图层只作用于音符，如图12-30、图12-31所示。

图12-30　　　　　　图12-31

tip 虽然黑色的背景没有受到颜色调整图层的影响，我们还是对调整图层创建了剪贴蒙版，使其只作用于音符，不影响背景。因为，一旦背景改为其他颜色或换成图像的话，颜色调整图层的作用就会显现了。

08 再创建一个"色相/饱和度"调整图层，改变音符的颜色，如图12-32、图12-33所示。

图12-32　　　　　　图12-33

09 在音符线条交叠的位置，手绘添加阴影效果，以增强立体感。选择多边形套索工具，设置"羽化"参数为1像素，创建一个选区，如图12-34所示。新建一个图层，设置"混合模式"为"正片叠底"，不透明度为50%，按Alt+Ctrl+G快捷键，创建剪贴蒙版，超出音符的部分都会被隐藏，这样就可以放心绘制了。将前景色设置为深红色（R164，G0，B53），使用画笔工具（"柔角"为200像素，"不透明度"为20%）绘制阴影，如图12-35所示。

图12-36　　　　图12-37　　　　图12-38

11 选择椭圆选框工具，在音符的末端创建一个圆形，涂上与周围一致的颜色，将原来不均匀的颜色覆盖，如图12-39所示，完成后的效果如图12-40所示。

图12-34　　　　　　图12-35

10 用同样的方法制作其他位置的阴影，使线条之间产生距离感，如图12-36所示。再新建一个图层，用来制作高光效果。设置"混合模式"为"叠加"，"不透明度"为35%，如图12-37所示，将画笔笔尖调小，用白色绘制高光，音符转折的部位可反复涂抹，产生高亮的感觉，如图12-38所示。

图12-39　　　　　　图12-40

12.4 制作毛皮特效字

01 按Ctrl+N快捷键，打开"新建文档"对话框，创建一个297毫米×210毫米、96像素/英寸的RGB模式文件。分别调整前景色与背景色，如图12-41所示。选择渐变工具，在工具选项栏中单击"径向渐变"按钮，在画面中填充径向渐变，如图12-42所示。

02 使用横排文字工具 T 在画面中输入文字，在"字符"面板中设置字体为"Impact"，"大小"为450点，"水平缩放"为130%，如图12-43、图12-44所示。

图12-43　　　　　　图12-44

图12-41　　　图12-42

03 执行"图层"|"智能对象"|"转换为智能对象"命令，将文字转换为智能对象，如图12-45所示。执行"滤

151

镜"|"杂色"|"中间值"命令，设置"半径"为15像素，如图12-46所示，使文字边角变得柔和，如图12-47所示。

图12-45　　　　　图12-46

图12-47

04 打开毛皮素材，使用移动工具 ✛ 将素材拖入文字文档中。按住Ctrl键，单击"PS"图层缩览图，如图12-48所示，载入文字的选区，如图12-49所示。

图12-48　　　　　图12-49

05 单击"图层"面板底部的 ▢ 按钮，基于选区创建蒙版，将选区外的图像隐藏，如图12-50、图12-51所示。

图12-50　　　　　图12-51

06 再次载入文字的选区，单击"路径"面板底部的 ◇ 按钮，将选区转换为路径，如图12-52、图12-53所示，就可以通过画笔描边路径来表现文字边缘的毛发效果了。

图12-52　　　　　图12-53

07 选择画笔工具 ✎，按F5键打开"画笔设置"面板，在"画笔笔尖形状"中选择"沙丘草"，设置"大小"为30像素，"间距"为14%，如图12-54所示，再分别勾选"形状动态"和"散布"复选框，设置参数如图12-55、图12-56所示。

图12-54　　　　　图12-55

图12-56

08 按住Alt键，单击"路径"面板底部的 ○ 按钮，打开"描边路径"对话框，在"工具"下拉列表中选择"画笔"，如图12-57所示，单击"确定"按钮，用画笔描边路径，如图12-58所示。重复该操作5次，使毛发变密集，效果如图12-59所示。在"路径"面板的空白处单击，可隐藏路径。

图 12-57

图 12-58

图 12-59

09 双击该图层，打开"图层样式"对话框，分别选择"斜面和浮雕""外发光"和"投影"效果，设置参数，为文字添加立体效果，如图12-60~图12-63所示。

图 12-60

图 12-61

图 12-62

图 12-63

10 按Alt+Shift+Ctrl+E快捷键，将当前效果盖印到一个新的图层中，重新命名为"锐化效果"，设置"混合模式"为"柔光"，如图12-64所示。锐化可以使毛发更加清晰，富有质感。执行"滤镜"|"其它"|"高反差保留"命令，设置"半径"为1像素，如图12-65、图12-66所示。连续按3次Ctrl+J快捷键，复制该图层，以增强锐化效果，如图12-67、图12-68所示。

图 12-64

图 12-65

图 12-66

图 12-67

图 12-68

tip 锐化不是提高分辨率，它只是提高了影像边缘的像素反差。不是所有图像都需要锐化的，比如照片中虚化的背景，经过锐化容易产生大量噪点，影响照片质量。从材质区分的话，毛发、布料、皮革、木料、石头等质感和细节丰富的适合锐化。有些时候，可针对图像的局部进行锐化。

12.5 制作金属特效字

01 打开素材，使用横排文字工具 **T** 在画面中输入文字，在工具选项栏中设置字体及大小，如图12-69所示。

图 12-69

02 双击该图层，打开"图层样式"对话框，在左侧列表中分别选择 "内发光""渐变叠加""投影"效果，并设置参数，如图12-70~图12-73所示。

图 12-70　　　　　　　　　图 12-71

图 12-72　　　　　　　　　图 12-73

03 继续添加"斜面和浮雕"与"等高线"效果，使文字呈现立体效果，并具有一定的光泽感，如图12-74~图12-76所示。

图 12-74　　　　　　　　　图 12-75

图 12-76

04 打开一个纹理素材，如图12-77所示。使用移动工具 ✛ 将素材拖入文字文档中，如图12-78所示。按Alt+Ctrl+G快捷键创建剪贴蒙版，将纹理图像的显示范围限定在文字区域内，如图12-79、图12-80所示。

图 12-77

图 12-78

图 12-79

图 12-80

05 双击"图层1"，打开"图层样式"对话框，按住Alt键拖动"本图层"选项中的白色滑块，将滑块分开，拖动时观察渐变条上方的数值，到202时放开鼠标，如图12-81所示。此时纹理素材中色阶高于202的亮调图像会被隐藏起来，只留下深色图像，使金属字呈现斑驳的质感，如图12-82所示。

图 12-81　　　　　　　图 12-82

06 使用横排文字工具 T 输入文字，如图12-83所示。

图 12-83

07 按住Alt键，将文字"GO"图层的效果图标 fx 拖动到当前文字图层上，为当前图层复制效果，如图12-84、图12-85所示。

图 12-84　　　　　　　图 12-85

08 执行"图层"|"图层样式"|"缩放效果"命令，对效果单独进行缩放，使其与文字大小相匹配，如图12-86、图12-87所示。

09 按住Alt键，将"图层1"拖动到当前文字层的上方，复制出一个纹理图层，按Alt+Ctrl+G快捷键，创建剪贴蒙版，为当前文字也应用纹理贴图，如图12-88、图12-89所示。

图 12-86　　　　　　　图 12-87

图 12-88　　　　　　　图 12-89

10 单击"调整"面板中的 按钮，创建"色阶"调整图层，拖动阴影滑块，增加图像色调的对比度，如图12-90、图12-91所示，使金属质感更强。再输入其他文字，效果如图12-92所示。

图 12-90　　　　　　　图 12-91

图 12-92

12.6 制作玻璃字

01 打开素材，如图12-93、图12-94所示。我们要以这款文字为原形，制作一个镂空的玻璃效果。图层样式在这里负责表现玻璃的厚度和光滑质感，玻璃透明属性的表现方法则会在"图层"面板中完成。

图12-93　　　　　　　　　　图12-94

02 单击"背景"图层，按Alt+Shift+Ctrl+N快捷键，在"背景"图层上方新建一个图层。选择椭圆工具 ○，在工具选项栏中选择"像素"选项，绘制一个略大于文字的椭圆形，如图12-95、图12-96所示。

图12-95　　　　　　　　图12-96

03 按住Ctrl键，单击"Glass"图层的缩览图，如图12-97所示，载入文字的选区，如图12-98所示。

图12-97　　　　　　　　图12-98

04 按住Alt键单击"图层"面板底部的 ▣ 按钮，基于选区创建一个反相的蒙版，如图12-99所示，将选区内的文字隐藏，在椭圆上形成镂空效果。单击"Glass"图层前面的眼睛图标 ●，将图层隐藏，如图12-100、图12-101所示。

图12-99　　　　　　　图12-100

图12-101

05 双击"图层1"，打开"图层样式"对话框，取消对"将剪贴图层混合成组"复选框的勾选，再勾选"将内部效果混合成组"复选框，如图12-102所示。单击对话框左侧的"斜面和浮雕"效果，设置参数，如图12-103所示。选择"等高线"选项，单击等高线缩览图 ☑，打开"等高线编辑器"，单击左下角的控制点，设置"输出"参数为71%，如图12-104、图12-105所示。

图12-102　　　　　　　　　　图12-103

图12-104　　　　　　　　图12-105

06 分别添加"光泽""内阴影"和"内发光"效果，如图12-106~图12-108所示，制作出平滑的、光亮的玻璃质感效果，如图12-109所示。

图 12-106　　　　　　　　　　图 12-107

图 12-113　　　　图 12-114　　　　图 12-115

图 12-108　　　　　　　　　　图 12-109

07 分别添加"外发光"和"投影"效果，进一步强化玻璃的立体感与光泽度，如图12-110~图12-112所示。

图 12-116

09 新建一个图层。选择画笔工具 ，设置笔尖"大小"为柔角500像素，"不透明度"为30%。在图像的四角涂抹深褐色，制作出暗影效果。靠近边角的位置可以反复多涂几次，以加深颜色的显示，如图12-117、图12-118所示。

图 12-110　　　　　　　　　　图 12-111

图 12-117　　　　　　　图 12-118

10 设置该图层的混合模式为"正片叠底"，使木板的纹路能够显示出来，如图12-119所示。

图 12-112

08 单击"背景"图层，如图12-113所示，按Ctrl+J快捷键复制，按Ctrl+] 快捷键，将"背景拷贝"图层移至"Glass"图层上方，如图12-114所示。设置该图层的不透明度为70%，按Alt+Ctrl+G快捷键创建剪贴蒙版，将木板的显示范围限定在椭圆图形以内，如图12-115、图12-116所示。

图 12-119

12.7 制作激光特效字

01 打开3个素材，如图12-120~图12-122所示。

图 12-120

图 12-121

图 12-122

02 切换到第一个素材中，执行"编辑"|"定义图案"命令，打开"图案名称"对话框，"名称"为"图案1"，如图12-123所示。单击"确定"按钮关闭对话框。用同样的方法将另外两个文件也定义为图案。

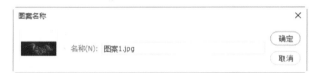
图 12-123

03 再打开一个素材，如图12-124、图12-125所示。素材中的文字为矢量智能对象。如果双击 🔳 图标，可以在Illustrator软件中打开智能对象原文件，对图形进行编辑，并按Ctrl+S快捷键保存，Photoshop中的对象会同步更新，这是矢量智能对象的独特之处。

图 12-124

图 12-125

04 双击该图层，打开"图层样式"对话框，在左侧列表中选择"投影"效果，设置参数如图12-126所示。选择"图案叠加"效果，在"图案"下拉面板中选择自定义的"图案1"，设置"缩放"参数为184%，如图12-127所示，效果如图12-128所示。

05 不要关闭"图层样式"对话框，此时将光标放在文字上，光标会自动呈现为移动工具 ✛，在文字上拖动光标，可以改变图案在文字中的位置，如图12-129所示。调整完毕后再关闭对话框。

图 12-126

图 12-127

图 12-128

图 12-129

06 按Ctrl+J快捷键复制当前图层，如图12-130所示。选择移动工具 ✛，按键盘中的↑键，连续按10次，使文字之间产生一定的距离，如图12-131所示。

图 12-130

图 12-131

07 双击该图层后面的 fx 图标，打开"图层样式"对话框，选择"图案叠加"效果，在"图案"下拉面板中选择"图案2"，修改缩放参数为77%，如图12-132所示，效果如图12-133所示。同样地，在不关闭对话框的情况下，调整图案的位置，如图12-134所示。

图 12-132

图 12-133

图 12-134

图 12-137

图 12-138

08 重复上面的操作。复制图层，如图12-135所示。将复制后的文字向上移动，如图12-136所示。使用自定义的"图案3"对文字区域进行填充，如图12-137、图12-138所示。

09 在画面中输入其他文字，注意版面的布局，最终效果如图12-139所示。

图 12-135

图 12-136

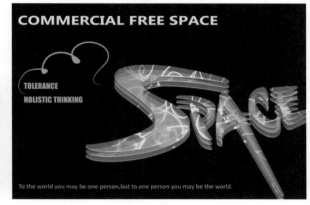
图 12-139

12.8 UI设计——纽扣图标

01 打开素材，如图12-140所示。将前景色设置为浅绿色（R177，G222，B32），背景色设置为深绿色（R42，G138，B20）。使用椭圆选框工具，按住Shift键创建一个圆形选区。新建一个图层，选择渐变工具，填充渐变，如图12-141所示。

图 12-140

图 12-141

图 12-142

图 12-143

02 双击该图层，打开"图层样式"对话框，在左侧的列表中选择"投影"和"外发光"选项，添加这两种效果，如图12-142、图12-143所示。

03 继续添加"内发光""斜面和浮雕""纹理"效果，在对话框中设置参数，制作带有纹理的立体效果，如图12-144~图12-147所示。

图 12-144

图 12-145

图 12-146　　　　　　　　　图 12-147

④ 新建一个图层。使用椭圆选框工具 ⬭ 绘制一个圆形选区，填充深绿色，如图12-148所示。

图 12-148

⑤ 执行"选择"|"变换选区"命令，在选区周围显示定界框，按住Alt+Shift快捷键拖曳定界框的一角，将选区成比例缩小，如图12-149所示。按Enter键确认操作。按Delete键删除选区内的图像，形成一个环形，如图12-150所示。按Ctrl+D快捷键取消选择。

图 12-149　　　　　　　　　图 12-150

⑥ 双击该图层，打开"图层样式"对话框，添加"内发光"和"投影"效果，如图12-151~图12-153所示。

图 12-151　　　　　　　　　图 12-152

图 12-153

⑦ 选择椭圆工具 ⬭，在工具选项栏中选择"路径"选项，按住Shift键创建一个比圆环稍小点的圆形路径，如图12-154所示。新建一个图层，如图12-155所示。我们要在该图层上制作缝纫线。

图 12-154　　　　　　　　　图 12-155

⑧ 选择画笔工具 ✎，在工具选项栏的"画笔"下拉面板菜单中，选择"旧版画笔"命令，加载该画笔库。打开"画笔设置"面板，选择一个方头画笔，设置画笔的大小、圆度和间距，如图12-156所示。选取"形状动态"选项，然后在"角度抖动"下方的"控制"下拉列表中选择"方向"选项，如图12-157所示。

图 12-156　　　　　　　　　图 12-157

⑨ 将前景色设置为浅黄色（R204，G225，B152），单击"路径"面板底部的 ○ 按钮，用画笔描边路径，制作出虚线，如图12-158所示。在"路径"面板的空白处单击，隐藏路径，如图12-159所示。

图 12-158

图 12-159

⑩ 双击该图层，添加"斜面和浮雕""投影"效果，如图12-160~图12-162所示。

图 12-160   图 12-161

图 12-162

⑪ 按Ctrl+O快捷键，打开配套资源中的AI素材文件，会弹出图12-163所示的对话框，单击"确定"按钮打开文件。使用矩形选框工具 选取最左侧的图形，如图12-164所示。

图 12-163

图 12-164

⑫ 使用移动工具 将选区内的图形拖入图标文档中，按Shift+Ctrl+[快捷键将它移至底层，如图12-165所示。再选取素材文件中的第2个图形，拖入图标文件，放在深绿色曲线上面，如图12-166所示。依次将第3、第4个图形拖入图标文件中，放在图标图层的最上方，效果如图12-167所示。

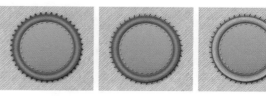

图 12-165   图 12-166   图 12-167

⑬ 选择自定形状工具 ，在"形状"下拉面板菜单中选择"Web"选项，加载网页形状库，选择图12-168所示的图形。新建一个图层，绘制图形，如图12-169所示。

图 12-168   图 12-169

⑭ 设置该图层的"混合模式"为"柔光"，使图形显示出底纹效果，如图12-170、图12-171所示。

图 12-170

图 12-171

⑮ 为该图层添加"内阴影""外发光""描边"效果，如图12-172~图12-175所示。

图 12-172　　　　　　　　图 12-173

图 12-174　　　　　　　图 12-175

16 用相同的参数和方法，变换一下填充的颜色，制作出更多的图标效果，如图12-176所示。

图 12-176

12.9　UI设计——爱心厨房ICON

12.9.1　制作蛋白底

01 按Ctrl+N快捷键，打开"新建文档"对话框，创建一个1024像素×1024像素、72像素/英寸的文件。

02 选择圆角矩形工具 ⬜ ，在工具选项栏中选择"形状"，如图12-177所示。在画面中单击，弹出"创建圆角矩形"对话框，设置"宽度"和"高度"均为1024像素，"半径"为180像素，如图12-178所示。创建圆角矩形后，会在"图层"面板中自动生成一个形状图层，如图12-179所示。新创建的图形不会位于画面正中的位置，按住Ctrl键单击"背景"图层，将其与"圆角矩形1"图层同时选取，选择移动工具 ✛ ，单击工具选项栏中的"垂直居中对齐"按钮 ┇ 和"水平居中对齐"按钮 ┻ ，将图形对齐到画面正中的位置，如图12-180所示。

图 12-179　　　　　　　图 12-180

03 双击"圆角矩形1"图层，打开"图层样式"对话框，在左侧列表中选择"颜色叠加"选项，设置"混合模式"为"正常"，单击后面的颜色块，打开"拾色器"调整颜色，如图12-181、图12-182所示。

图 12-181　　　　　　　图 12-182

04 选择"内发光"选项，设置发光颜色及参数，如图12-183所示，沿图形边缘制作发光效果，如图12-184所示。

图 12-177　　　　　　图 12-178

图 12-183 图 12-184

05 选择"斜面和浮雕"选项，设置参数，如图12-185所示，使图形产生立体感，如图12-186所示。

图 12-185 图 12-186

06 选择自定形状工具 ✿，在"形状"下拉列表中加载"全部"形状库，然后选择"红心"形状，如图12-187所示。在拖曳光标创建心形的过程中，按住空格键可移动心形的位置，根据智能参考线的提示进行定位，使心形与圆角矩形能够居中对齐，如图12-188所示。使用直接选择工具 ▷ 单击心形中间的锚点，按住Shift键锁定垂直方向，同时向下拖动锚点，如图12-189所示。

图 12-187 图 12-188 图 12-189

07 心尖部分其实有两个锚点，使用直接选择工具 ▷ 单击锚点，向左拖动可以看得更清楚，如图12-190所示。这两个锚点并未连接在一起，可以说是两边路径的端点。现在，要将这两个点分离开。为了使图形调整后依然保持对称，可在选取左侧锚点后，按5次键盘中的←键，移动锚点位置，而右侧锚点在移动时需按→键，同样是按5次。选择钢笔工具 ✐，在左侧锚点上单击一下，再单击右侧锚点，可将两个锚点连接在一起，如图12-191所示。

图 12-190 图 12-191

08 选择添加锚点工具 ✐，在路径中间的位置单击，添加一个锚点，如图12-192所示。按两次键盘中的↓键，将锚点向下移动，使原来的尖角变成弧形，如图12-193所示。

图 12-192 图 12-193

tip 形状图层是通过路径来控制图层显示范围的，不能使用画笔工具、渐变工具来编辑。想让这个心形的颜色更加丰富，有明暗和色彩变化，就只能将形状图层转换为普通图层（栅格化图层），可是这样一来路径和锚点将不存在，它也就不能再像路径一样进行编辑，基于这点，我们在栅格化图层前，可先将心形路径保存起来，方便以后使用。

09 在编辑形状图层时，"路径"面板中会同时显示形状路径的矢量蒙版，如图12-194所示，结束形状图层的编辑时，蒙版会消失。双击"形状1形状路径"层，可转换出一个新的路径层，如图12-195所示，它会一直保存在"路径"面板中，即使不再编辑该形状图层，或将形状图层栅格化，这个路径层依然存在。

图 12-194 图 12-195

12.9.2 制作心形蛋黄

01 将光标放在"形状1"图层上，右击，在弹出的快捷菜单中选择"栅格化图层"命令，将其转换为普通图层，如图12-196所示。按住Ctrl键单击图层缩览图，载入心形的选区。使用画笔工具 ✐ 在心形边缘涂抹橙色，中心涂抹黄色，如图12-197所示。按Ctrl+D快捷键取消选择。

图 12-196 图 12-197

02 双击该图层，打开"图层样式"对话框，在左侧列表中分别选择"投影""斜面和浮雕""内发光""光泽"和"外发光"选项，如图12-198~图12-202所示，制作出一个立体的心形蛋黄，如图12-203所示。

图 12-198　　　　图 12-199

图 12-200　　　　图 12-201

图 12-202　　　　图 12-203

03 新建一个图层，设置混合模式为"正片叠底"。使用画笔工具，在心形的右侧边缘和下边涂抹棕红色，如图12-204、图12-205所示。

图 12-204　　　　图 12-205

tip 拟物图标的高光和阴影是很重要的，虽然图层样式帮助我们实现了一些，但细致的刻画还要根据对象的结构来进行，用一些手绘的技法来完成。一般在绘制明暗层次时，将画笔工具的不透明度设置为30%左右比较适用，绘制的颜色虽浅，但是过渡柔和，不会在画面中出现生硬的笔触。略深的区域需要加重颜色时，反复涂二三次就可以了。当然，免不了会有多涂的区域，可以使用橡皮擦工具擦除，它的不透明度也要设置在30%左右。

04 选择钢笔工具，在工具选项栏中选择"路径"选项，绘制一个路径图形，作为蛋黄的高光，如图12-206所示，按Ctrl+Enter快捷键将路径转换为选区，如图12-207所示。执行"选择"|"修改"|"羽化"命令，设置羽化半径为5像素，如图12-208所示。新建一个图层，将选区填充白色，羽化可使图形的边缘变得柔和，如图12-209所示。

图 12-206　　　　图 12-207

图 12-208　　　　图 12-209

05 将图层的"不透明度"设置为60%，如图12-210所示，如果说阴影强化了心形蛋黄的立体感，那么高光则提高了图形的明亮度，如图12-211所示，让图标焕发了光彩。

图 12-210　　　　图 12-211

06 按Ctrl+J快捷键复制当前图层，如图12-212所示。用橡皮擦工具（柔角）将高光的左边及下边区域擦除掉，

第12章 跨界设计：综合实例

如图12-213所示，使高光的边缘和强度也有所变化。

图 12-212　　　　　图 12-213

07 打开"通道"面板，单击面板底部的 按钮，新建"Alpha 1"通道，如图12-214所示。执行"滤镜"|"渲染"|"云彩"命令，制作出云彩效果，如图12-215所示。云彩滤镜是随机的，每次应用都会产生不同的效果。按Alt+Ctrl+F快捷键可以重复应用"云彩"滤镜，变换出不同的纹理。

图 12-214　　　　　图 12-215

08 执行"滤镜"|"滤镜库"命令，打开"滤镜库"对话框，单击"艺术效果"滤镜组，选择"塑料包装"滤镜，设置参数，对于蛋白不要有太复杂的纹理，细节参数设置为1即可，如图12-216所示。

图 12-216

09 单击"通道"面板底部的 按钮，将通道作为选区载入。单击"圆角矩形1"图层，如图12-217所示，返回到图像编辑状态，如图12-218所示。

图 12-217　　　　　图 12-218

10 单击"调整"面板中的 按钮，创建"曲线"调整图层，如图12-219所示，先在曲线左下角单击添加一个控制点，然后在曲线偏上的位置再添加控制点，将该点向上移动，将高光的色调调亮，如图12-220所示。

图 12-219　　　　　图 12-220

11 此时默认的工作状态为"曲线"调整图层的蒙版（如果不是的话，可单击蒙版缩览图）。直接按Ctrl+L快捷键打开"色阶"对话框，向右侧拖动"阴影"滑块，如图12-221所示，同时观察图像中纹理的变化，如图12-222所示，蛋白底版变暗，纹理更清晰一些了。再将"高光"滑块向左侧拖动，增加亮部区域，使纹理清晰度进一步增强。再将"阴影"滑块向右调一些，如图12-223、图12-224所示，得到满意的纹理效果。

图 12-221　　　　　图 12-222

图 12-223

图 12-224

图 12-225　　　　　　图 12-226

⑫ 再对纹理进行一些简化。使用画笔工具 ✏（柔角，不透明度为60%）在多余的纹理上涂抹黑色，如图12-225所示。对画笔工具设置了不透明度，要完全去掉某些纹理时，可反复涂抹；要减淡纹理的显示时，只涂抹一下即可，如图12-226所示。

12.10 动画形象设计

① 按Ctrl+N快捷键，打开"新建文档"对话框，创建一个210毫米×297毫米、72像素/英寸的RGB模式文件。

② 选择钢笔工具 ✐，在工具选项栏中选择"形状"选项，绘制出小猪的身体，如图12-227所示。选择椭圆工具 ○，在工具选项栏中单击"减去顶层形状"按钮 ℗，在图形中绘制一个圆形，它会与原来的形状相减，形成一个孔洞，如图12-228、图12-229所示。

图 12-227　　　　图 12-228　　　　　图 12-229

③ 双击该图层，在打开的"图层样式"对话框中添加"斜面和浮雕""等高线""内阴影"效果，设置参数，如图12-230~图12-232所示，效果如图12-233所示。

图 12-230　　　　　　　　图 12-231

图 12-232　　　　　　图 12-233

④ 添加"内发光""渐变叠加""外发光"效果，为小猪的身上增添色彩，如图12-234~图12-237所示。

图 12-234　　　　　　　图 12-235

图 12-236　　　　　　图 12-237

⑤ 添加"投影"效果，通过投影增强图形的立体感，如图12-238、图12-239所示。

图 12-238　　　　　图 12-239

06 绘制小猪的耳朵，如图12-240所示。使用路径选择工具 ▶，按住Alt键拖动耳朵，将其复制到画面右侧，执行"编辑"|"变换路径"|"水平翻转"命令，制作出小猪右侧的耳朵，如图12-241所示。

图 12-240　　　　　图 12-241

07 按Ctrl+[快捷键，将"形状2"向下移动。按住Alt键，将"形状1"图层的效果图标 fx 拖动到"形状2"，为耳朵复制效果，如图12-242、图12-243所示。

图 12-242　　　　　图 12-243

08 给小猪绘制一个像兔子一样的耳朵，复制图层样式到耳朵上，如图12-244、图12-245所示。

图 12-244　　　　　图 12-245

09 将前景色设置为黄色。双击"形状3"图层，打开"图层样式"对话框，添加"内阴影"效果，调整参数，如图12-246所示。继续添加"渐变叠加"效果，单击渐变后面的 ⌄ 按钮，打开"渐变"下拉列表，选择"透明条纹渐变"选项，由于前景色设置了黄色，透明条纹渐变也会呈现为黄色，将角度设置为113度，如图12-247、图12-248所示。

图 12-246　　　　　图 12-247

图 12-248

10 按Ctrl+J快捷键，复制耳朵图层，再将其水平翻转到另一侧，如图12-249所示。双击该图层，打开"图层样式"对话框，在"渐变叠加"选项中调整"角度"参数为65度，如图12-250、图12-251所示。

11 绘制小猪的眼睛、鼻子、舌头和脸上的红点，它们位于不同的图层中，注意图层的前后位置，如图12-252所示。绘制眼睛时，可以先画一个黑色的圆形，再画一个小一点的圆形选区，按Delete键删除选区内的图像，即可得到月牙图形。

图 12-249　　　　　图 12-250

图 12-251　　　　　图 12-252

⑫ 选择自定形状工具 🖉，在"形状"下拉面板中选择"圆形边框"，在小猪的左眼上绘制眼镜框，如图12-253所示。按住Alt键，将耳朵图层的效果图标 *fx* 拖动到眼镜图层，为眼镜框添加条纹效果，如图12-254所示。

图 12-253　　　　　　　　　图 12-254

⑬ 双击该图层，调整"渐变叠加"的参数，设置渐变样式为"对称的"，角度为180度，如图12-255、图12-256所示。

图 12-255　　　　　　　　　图 12-256

⑭ 按Ctrl+J快捷键复制眼镜框图层，使用移动工具 ✛ 将其拖到右侧眼睛上。绘制一个圆角矩形，连接两个眼镜框，如图12-257所示。

图 12-257

⑮ 将前景色设置为紫色。在眼镜框图层下方新建一个图层。选择椭圆工具 ○，在工具选项栏中选择"像素"选项，绘制眼镜片，设置图层的不透明度为63%，如图12-258、图12-259所示。

图 12-258　　　　　　　　　图 12-259

⑯ 新建一个图层，用制作眼睛的方法，制作出两个白色的月牙儿图形，设置图层的不透明度为80%，如图12-260、图12-261所示。

图 12-260　　　　　　　　　图 12-261

⑰ 选择画笔工具 🖌 （柔角），设置参数如图12-262所示。将前景色设置为深棕色。选择"背景"图层，单击 🔲 按钮，在其上方新建一个图层，在小猪的脚下单击，绘制出投影效果，如图12-263所示。

图 12-262　　　　　　　　　图 12-263

⑱ 最后，为小猪绘制一个黄色的背景，在画面下方输入文字，效果如图12-264所示。

图 12-264

12.11 标志设计

在制作前，应先对标志设计的规范要求有所了解。标志设计注重内涵的把握和独特视觉个性的表现，力求做到凝练、清晰、简洁、生动，易于辨识和记忆。

01 按Ctrl+N快捷键，打开"新建文档"对话框，创建一个297毫米×210毫米、300像素/英寸的文件。

02 先来制作部首"田"，再以它的笔画粗细、结构为参照，衍生出一个网格系统，在此基础上制作的图形会更加规范化，具有美感，且便于应用。选择椭圆工具 ○，在工具选项栏中选择"形状"选项，按住Shift键在画面中创建一个圆形。打开"属性"面板，单击 ⊖ 按钮锁定长宽比，设置圆形大小为337像素，描边宽度为50像素，设置颜色为黑色，描边对齐到路径内，如图12-265、图12-266所示，图中洋红色外圈为圆形路径被选取时呈现的高亮显示色。

图12-265　　　　图12-266

> **tip** 路径、形状或其所在图层被选取时，会呈现高亮显示，它所显示的颜色和线条粗细都是可以调整的。方法是按Ctrl+K快捷键，打开"首选项"对话框，单击左侧列表的"参考线、网格和切片"，在对话框下方有"路径选项"的参数设置。本实例中路径显示为洋红色、宽度为2像素。

03 使用圆角矩形工具 ○（选取"形状"选项）创建一个圆角矩形。在"属性"面板中设置宽度为203像素、高度为50像素（与圆形的描边宽度一致）、圆角半径为25像素、填充黑色、无描边，如图12-267~图12-269所示。在"图层"面板中按Ctrl键，单击"椭圆1"形状图层，将其一同选取，选择移动工具 ✛，在工具选项栏中分别单击"垂直居中对齐"按钮 ╫ 和"水平居中对齐"按钮 ╪，将这两个图形对齐。

图12-267　　图12-268　　图12-269

04 按Ctrl+C快捷键复制圆角矩形，按Ctrl+V快捷键粘贴，按Ctrl+T快捷键显示定界框，如图12-270所示。在工具选项栏中设置旋转角度为90度，按Enter键确认操作，"田"字制作完成，如图12-271所示。

图12-270　　　　图12-271

> **tip** 标志设计的网格源于小方格，类似网格纸。标志种类的复杂和结构的多样，使网格不再局限于方格，出现了圆形网格系统及设计师自定义网格等。我们根据这个案例标志的结构，创建一个自定义的、以圆形为主的网格系统，或称之为结构辅助线，它是标志设计的一个重要步骤。

05 选择椭圆工具 ○，在文字上创建一个大小为50像素的圆形，描边为1像素，无填充，如图12-272所示。这个圆形的大小与笔画的粗细是一致的，都是50像素。我们将该图层命名为"辅助线"。使用路径选择工具 ▶ 选取这个圆形，按住Alt键（光标显示为 ▶ 状）+Shift键向右拖曳光标，复制圆形，如图12-273所示。

图12-272　　　　图12-273

06 再复制出两个圆形，依次向右排列，如图12-274所示，这便是文字的字间距了。选择"椭圆1"图层，按Ctrl+J快捷键复制该图层，如图12-275所示。使用路径选择工具 ▶ 选取椭圆（田字的外框圆形），按住Shift键向右拖动，直至圆形辅助线的边缘处，放开鼠标，如图12-276所示。根据辅助线作图，有助于建立系统性，合理规划空间，对空白区域进行规范，打造标志元素间的协调感。

图12-274

> **tip** 在"辅助线"图层缩览图上单击鼠标右键，打开快捷菜单，选择"红色"，可将该图层的颜色设置为红色，使它区别于其他图层，在图层越建越多的情况下，更便于查找。

图 12-275　　　　图 12-276

⑦ 将该圆形填充为黑色，无描边，用它来制作"香"字，如图12-277所示。

图12-277

⑧ 创建一个与之前参数相同的圆角矩形，如图12-278所示。使用路径选择工具 ▶，按住Shift键单击圆形，将其一同选取，如图12-279所示。单击工具选项栏中的 □ 按钮，在打开的下拉列表中选择"□ 排除重叠形状"选项，通过图形运算，将两个图形进行整合，实现挖空效果，如图12-280、图12-281所示。

图12-278　　　　　　　图12-279

图12-280　　　　图12-281

⑨ "田"字与"日"字并置时，以线为主的"田"字会显得比较小、弱、轻，而笔画间填满颜色的字，由于色彩面积大，则会显得沉重，更有分量感，为了达到视觉上的平衡，要将"日"字的圆形缩小一些。那么，缩小多少才好呢？经过反复调整找到了一个参照。先单击"辅助线"图层。按照"田"字笔画间距创建一个圆形，它的大小是17像素。将其复制到"日"字上，找到它的居中位置，如图12-282所示。可以按Ctrl+R快捷键显示标尺，在纵向标尺上拖出参考线，定位在文字的居中位置以作参照。或者使用前面提示中讲到的图形居中对齐方式。

图 12-282

⑩ 选择黑色圆形，设置大小为320像素，将它与"田"字进行底边对齐，如图12-283、12-284所示。

图12-283　　　　图12-284

⑪ 用钢笔工具 ✐（选取"形状"选项）绘制一条鱼，鱼眼用椭圆工具 ○ 来画，两图形之间进行排除重叠形状运算。三点水用圆形和雨滴形状来表现（选择自定形状工具 ✿ 后，在工具选项栏中选择），如图12-285所示。以之前创建的笔画大小为规范，制作出文字的其他部分，"渔"字下面的一横用波浪线来表现，有海水之意，如图12-286所示。

图 12-285　　　　图 12-286

⑫ 对尺寸进行标注，为使结构更清晰，可将文字和参考线的颜色进行调整，最终呈现一个令客户满意的效果，如图12-287所示。

图 12-287

13 使用路径选择工具 ▶ 选取波浪线，单击工具选项栏中的"填充"选项，在打开的下拉面板中单击 ▢ 按钮，打开"拾色器"，将颜色调整为蓝色（C100，M0，Y0，K0），如图12-288、图12-289所示。

图12-288　　　　　　图12-289

图12-290　　　　　　图12-291

14 使用矩形工具 ▢ ，创建一个矩形，在"属性"面板中设置大小，以同样的蓝色进行填充，如图12-290所示。选择横排文字工具 T ，在工具选项栏中设置字体及大小，在画面中单击输入色值，用同样的方法制作出黑色块及色值，如图12-291所示。

tip 标准色是建立统一形象的基本视觉要素之一，是象征公司或产品特性的指定颜色，也是标志、标准字体及宣传媒介专用的色彩。当视觉受到一定距离的影响时，对文字的识别度会降低，却可以清晰地辨识出颜色，可见色彩在视觉传达中的活跃性和敏感度。标准色分单色与复色，单色虽清晰明了，但在同行业中易发生雷同。复色是指两种以上的颜色，数量不宜过多，避免产生繁复感。

12.12 名片设计

成品名片的尺寸通常为9厘米×5.5厘米。名片制作好之后，要用于印刷并进行裁切，所以颜色应设置为CMYK模式，为使裁切后不出现白边，在设计时上、下、左、右四边都各留出1~3毫米的剩余量（即"出血"）。

01 按Ctrl+N快捷键，打开"新建文档"对话框，设置名片大小，如图12-292所示，单击"创建"按钮，新建一个名片文件。

图12-292

02 为了便于查找和使用标志图，将标志文件的所有图层归纳为3个图层组（选取图层后，按Ctrl+G快捷键即可编组），分别是标志、标准色和辅助线。单击"标志"图层组，按Alt+Ctrl+E快捷键盖印图层，得到一个合层的标志效果，如图12-293所示。使用移动工具 ✛ 将标志拖入名片文件中。按Ctrl+T快捷键显示定界框，按住Shift键拖曳定界框的一角，将标志等比缩小，按Enter键确认操作，如图12-294所示。

图12-293　　　　　　图12-294

03 选择横排文字工具 T ，在工具选项栏中设置字体及大小，在标志下方输入文字，如图12-295所示。

图12-295

04 选择直线工具 ╱ ，创建一个粗细为3像素的蓝色竖线（创建时按住Shift键）。打开素材，使用移动工具 ✛ 将图标拖入文件中，在其右侧输入文字，如图12-296所示。完成名片正面的制作。将名片中的营业时间、地址和电话等字样用图标代替，删繁就简，名片风格简洁、时尚的同时，所有信息都一目了然。按住Shift键选取除"背景"以外的所有图层，按Ctrl+G快捷键编组并重新命名，如图12-297所示。

图 12-296　　　　　　　　　　　图 12-297

组成的图案素材，用来作为底色，中间放上二维码就可以了，如图12-298所示。可以找一些木纹素材作为背景，将名片进行透视调整，合成到一个空间里，看起来有接近实物的真实效果，如图12-299所示。

图 12-298　　　　　　　　　　图 12-299

05 名片背面的设计比较简单，我们提供了一个由标志

12.13 应用系统设计

01 按Ctrl+N快捷键打开"新建文档"对话框，单击"打印"标签，切换到"打印"选项，可以看到模板的缩览图，单击一个缩览图，如图12-300所示，单击对话框右侧的"查看预览"按钮，可以查看模板预览图，如图12-301所示。单击"下载"按钮，弹出"Adobe Stock"对话框，如图12-302所示，链接到下载文件后，单击"下载"按钮即可下载模板。

封，基于选区创建一个"色相/饱和度"调整图层就可以了，如图12-305~图12-307所示。

图 12-303　　　　　　　　　图 12-304

图12-300

图 12-305　　　　　　　　图 12-306

图 12-301　　　　　　　　　图 12-302

02 模板下载完成后，对话框右下方会显示"打开"按钮，单击它打开文档，就可以编辑了。在文字图层前面的眼睛图标 ◉ 上单击，将文字隐藏，如图12-303所示。将制作好的标志和文字拖曳到卡片上，按照卡片的倾斜度进行旋转，图12-304所示。如果对信封的颜色不太满意，可以单独进行调整。使用快速选择工具 选取信

图 12-307

以下为产品形象系列、包装系列应用系统设计。

不同行业有不同的应用设计系统，如餐饮业、服装业、百货业、旅游业等，各有特定的形象载体，设计时应根据主体对象，制定相应的应用项目。在进行应用系统设计前，可先在"新建文档"对话框中查看一下Photoshop提供的免费模板文件，它们是Adobe Stock的免费模板，这些模板都是分层文件，可以在其基础上进行编辑整合、修改大小或另外保存。

12.14 艺术海报设计

01 打开素材，如图12-308所示。选择"树叶"图层，如图12-309所示。单击"路径"面板中的路径层，如图12-310所示。

前路径创建矢量蒙版，路径以外的图像会被矢量蒙版遮盖，如图12-311、图12-312所示。

图 12-308 图 12-309 图 12-310

图 12-311

图 12-312

02 执行"图层"|"矢量蒙版"|"当前路径"命令，或按住Ctrl键，单击"图层"面板底部的 ▣ 按钮，基于当

03 按住Ctrl键，单击"图层"面板中的 🗔 按钮，在"树叶"层下方新建图层，如图12-313所示。按住Ctrl键，单击蒙版，如图12-314所示，载入人物选区。

图 12-313　　　　图 12-314

04 执行"编辑"|"描边"命令，打开"描边"对话框，将描边颜色设置为深绿色，宽度设置为4像素，位置选择"内部"，如图12-315所示，单击"确定"按钮，对选区进行描边。按Ctrl+D快捷键取消选择。选择移动工具 ✛，按几次→键和↓键，将描边图像向右下方轻微移动，效果如图12-316所示。

05 单击"图层"面板底部的 🗔 按钮，新建一个图层。选择柔角画笔工具 🖉，在运动员脚部绘制阴影，如图12-317、图12-318所示。

图 12-315

图 12-316

图 12-317

图 12-318

12.15 环保海报设计

01 打开素材，如图12-319所示，选择"大象"图层，如图12-320所示。

图 12-319

图 12-320

02 单击"图层"面板底部的 ▣ 按钮，创建蒙版。使用画笔工具 🖉 在大象的腿上涂抹黑色，将象腿隐藏，如图12-321、图12-322所示。

图 12-321

图 12-322

03 选择钢笔工具 🖉，在工具选项栏中选择"形状"选项，将填充颜色设置为深褐色。单击"背景"图层（以便使绘制的图形位于"大象"图层的下方），根据大象的位置，在其下方绘制一个图形，如图12-323、图12-324所示。

图 12-323

图 12-324

04 双击该图层，打开"图层样式"对话框，添加"斜面和浮雕"效果，使图形有一定的厚度感，如图12-325、图12-326所示。

图 12-325　　　　　图 12-326

05 单击"图层"面板底部的 🔲 按钮，新建一个图层。按Alt+Ctrl+G快捷键创建剪贴蒙版。使用画笔工具 ✎ 绘制明暗，如图12-327、图12-328所示。

图 12-327　　　　　图 12-328

06 单击"大象"图层，按住Alt键向下拖动进行复制，如图12-329所示，按Alt+Ctrl+G快捷键，将该图层加入到剪贴蒙版组中，如图12-330所示。

图 12-329　　　　　图 12-330

07 按住Alt键，拖动图层蒙版缩览图到 🗑 按钮上，删除蒙版，如图12-331所示。按Ctrl+T快捷键显示定界框，单击鼠标右键，在弹出的快捷菜单中选择"垂直翻转"命令，拖动定界框，将图像放大以填满形状图层，如图12-332所示，按Enter键确认操作。

图 12-331　　　　　图 12-332

08 设置该图层的混合模式为"叠加"，不透明度为40%，体现出反光的效果，如图12-333、图12-334所示。

图 12-333　　　　　图 12-334

09 新建一个图层，加入到剪贴蒙版组中。设置混合模式为"正片叠底"，不透明度为60%。然后选择渐变工具 ▣，在工具选项栏中选择"前景色到透明渐变"，在图形上方填充一个线性渐变，使图形的颜色上深下浅，如图12-335、图12-336所示。

图 12-335　　　　　图 12-336

10 单击"形状1"图层，按住Alt键向下拖曳进行复制，如图12-337所示。将图形的填充颜色调暗，接近于黑色。然后双击该图层，打开"图层样式"对话框，调整"斜面和浮雕"参数，并添加"投影"效果，如图12-338、图12-339所示。选择移动工具 ✛，按键盘中的 ↓键，将图形略向下移动，如图12-340所示。

图 12-337　　　　　图 12-338

175

图 12-339　　　　　　　　图 12-340

⑪ 最后，使用钢笔工具 ✐ 绘制出图形的高光和象腿旁边的波纹，如图12-341所示。

图 12-341

12.16 淘宝全屏海报设计

⑴ 按Ctrl+N快捷键，打开"新建文档"对话框，创建一个1920像素×720像素、72像素/英寸的RGB模式文件，如图12-342所示。

⑵ 将前景色设置为薄荷绿（R204，G255，B204），按Alt+Delete快捷键填充前景色。选择椭圆工具 ○，在工具选项栏中选择"形状"选项，按住Shift键创建一个圆形，填充白色，如图12-343所示。

图 12-342　　　　　　　　图 12-343

⑶ 按Ctrl+J快捷键复制当前图层，生成"椭圆1拷贝"图层，如图12-344所示。按Ctrl+T快捷键显示定界框，按住Alt+Shift快捷键的同时，拖曳定界框的一角，将图形等比缩小，如图12-345所示，按Enter键确认操作。

图 12-344　　　　　　　　图 12-345

⑷ 在工具选项栏中设置描边颜色为浅粉色（R255，G204，B204），描边宽度为2点，描边类型为虚线，如图12-346所示。按Ctrl+J快捷键，再次复制图层，如图12-347所示。

图 12-346　　　　　　　　图 12-347

⑸ 选择路径选择工具 ▶，在工具选项栏中选择"与形状区域相交"选项 ⬚，按住Alt+Shift快捷键向上拖动圆形进行复制，如图12-348所示。复制的圆形与原来的圆形相减，只保留重叠的区域。将填充颜色设置为浅粉色，描边设置为无，如图12-349所示。

图 12-348　　　　　　　　图 12-349

⑹ 打开素材，将蝴蝶结拖入文件中，如图12-350所示。双击该图层，打开"图层样式"对话框，选择"投影"选项，设置参数，如图12-351、图12-352所示。

图 12-350　　　　　图 12-351　　　　　图 12-352

07 选择横排文字工具 T ，在"字符"面板中设置字体、大小及字距，在画布上单击，输入文字，如图12-353~图12-356所示。

图12-353　　　　　　图12-354

图12-355　　　　　　图12-356

08 选择圆角矩形工具 ▢ ，在工具选项栏中设置半径为30像素，绘制图形，如图12-357所示。输入其他文字，如图12-358、图12-359所示。

图12-357　　　图12-358　　　图12-359

09 输入优惠信息，如图12-360、图12-361所示。

图12-360　　　　　　图12-361

10 用横排文字工具 T ，在数字"399"上拖曳鼠标，将其选取，如图12-362所示。在"字符"面板中设置大小为60点，颜色为桃红色（R255，G102，B102），如图

12-363所示。将数字"99"也进行相同的调整，如图12-364所示。输入活动时间，文字大小为22点，如图12-365所示。

图12-362　　　　　　图12-363

图12-364　　　　　　图12-365

11 按住Shift键单击"椭圆 1"图层，选取除"背景"以外的所有图层，如图12-366所示，按Ctrl+G快捷键创建图层组，如图12-367所示。打开箱包素材，这是一个分层文件，每个箱包都位于单独的图层中，便于编辑。将箱包拖入文件中，如图12-368所示。

图12-366　　　　　　图12-367

图12-368

⑫ 选择移动工具 ✛，在工具选项栏中选取"自动选择"选项，在箱包上单击，将其选取，调整位置。按 Ctrl+T快捷键显示定界框，在定界框外拖曳光标，调整箱包角度，使其呈现比较自然的摆放效果。在"图层"面板中，将"箱色"图层组拖到"组1"下方，如图12-369、图12-370所示。

图12-369　　　　图12-370

⑬ 拖入插画素材，该素材是分层文件，可根据箱包的摆放位置，对花朵或叶子进行调整，如图12-371所示。

图 12-371

12.17 平面广告设计

① 打开素材，人物素材位于单独的图层中，如图12-372所示。用来合成的背景图像包括城市、大地与天空3个部分，如图12-373所示。

图 12-372

图 12-373

② 选择移动工具 ✛，将城市素材拖入人物文档中，按 Ctrl+[快捷键，将其移至人物下方，如图12-374所示。按 Ctrl+T快捷键，显示定界框，将光标放在定界框外，拖曳鼠标，将图像朝顺时针方向旋转，如图12-375所示，按Enter键确认操作。

图 12-374　　　　　　图 12-375

③ 单击 ▢ 按钮创建蒙版，使用画笔工具 ✏ （柔角）在图像的边缘涂抹，将边缘隐藏，如图12-376、图12-377所示。

图 12-376　　　　　图 12-377

④ 按Ctrl+F6快捷键，切换到素材文档。单击"大地"图层，如图12-378所示，使用移动工具 ✛ 将素材拖入人物文档中，通过自由变换的方法将图像朝逆时针方向旋转，如图12-379所示。

图 12-378　　　　　图 12-379

⑤ 为该图层添加蒙版，用渐变工具 ▣ 填充"黑色到白色"的线性渐变，以隐藏蓝天部分，如图12-380、图12-381所示。

图 12-380　　　　　图 12-381

06 将天空素材拖入文档中，放在"城市"图层下方，如图12-382所示，朝逆时针方向旋转，如图12-383所示。

图 12-382　　　　　图 12-383

07 在"人物"图层下方新建一个图层，使用多边形套索工具 ❤ 在运动鞋下方创建投影选区，如图12-384所示，填充深棕色，如图12-385所示。按Ctrl+D快捷键，取消选择。用橡皮擦工具 ❤ （柔角，不透明度为20%）擦出深浅变化，如图12-386所示。用同样的方法制作另一只鞋子的投影，如图12-387所示。

图 12-384　　　　　图 12-385

图 12-386　　　　　图 12-387

08 单击"调整"面板中的 ▣ 按钮，创建"可选颜色"调整图层，分别对图像中的白色和中性色进行调整。按Alt+Ctrl+G快捷键，创建剪贴蒙版，使调整图层只对人物产生影响，如图12-388~图12-391所示。

图 12-388　　　　图 12-389　　　　图 12-390

图 12-391

09 将前景色设置为白色。选择渐变工具 ▣ ，单击"径向渐变"按钮 ▣ ，在"渐变"下拉面板中选择"前景色到透明渐变"，如图12-392所示。新建一个图层，在画面左上方创建径向渐变，营造光效，如图12-393、图12-394所示。

图 12-392　　　　　图 12-393

图 12-394

⑩ 单击"调整"面板中的 ⚬⚬ 按钮，创建"色彩平衡"调整图层，对全图的色彩进行调整（选取"保留明度"选项），使画面的合成效果更加统一，如图12-395~图12-397所示。最后，在人物手臂、地平线等位置添加光效，如图12-398所示。

图 12-395　　图 12-396　　图 12-397

图 12-398

12.18 插画设计

① 打开两个素材，如图12-399、图12-400所示。

图 12-399　　图 12-400

② 使用移动工具 ✣ 将人物拖入到粉彩图像中。按Ctrl+T快捷键，显示定界框，将光标放在定界框外，向左拖曳鼠标，将图像朝逆时针方向旋转，如图12-401所示，按Enter键确认操作。使用魔棒工具 ✗ 选取人物图像中的蓝色背景区域，如图12-402所示。

图 12-401　　图 12-402

③ 按住Alt键，单击"图层"面板底部的 ▢ 按钮，基于选区创建一个反相的蒙版，将选区内的蓝色图像隐藏，如图12-403、图12-404所示。

图 12-403　　　　　　　图 12-404

④ 使用画笔工具 ✎ 在人物的头发、额头和脖子上涂抹黑色，使人物能融合到粉彩中，如图12-405、图12-406所示。

图 12-405　　　　　　　图 12-406

05 单击"调整"面板中的 ▽ 按钮，创建"自然饱和度"调整图层，设置自然饱和度参数为-100，如图12-407所示。单击面板底部的 ▣ 按钮，创建剪贴蒙版，使调整图层只作用于人物图像，不会影响到粉彩背景的颜色，如图12-408、图12-409所示。

图 12-407　　　　图 12-408

图 12-409

06 单击"背景"图层，按Ctrl+J快捷键进行复制，生成"背景拷贝"图层。按Shift+Ctrl+] 快捷键，将其移至顶层，修改混合模式和不透明度，如图12-410、图12-411所示。

图 12-410　　　　图 12-411

07 单击"图层"面板底部的 ▣ 按钮，新建一个图层，设置混合模式为"柔光"。使用画笔工具 在人物的眼睛和鼻梁上涂抹红色，使人物被粉彩映衬、包围，如图12-412、图12-413所示。

图 12-412　　　　图 12-413

08 打开素材，如图12-414所示，使用移动工具 将素材拖曳到人物面部的位置，如图12-415所示，设置"混合模式"为"颜色加深"，如图12-416所示。

图 12-414　　　图 12-415　　　图 12-416

09 单击"图层"面板底部的 ▣ 按钮，创建蒙版，如图12-417所示。使用画笔工具 在图像边缘涂抹黑色，将边缘隐藏，如图12-418所示。

图 12-417　　　　图 12-418

⑩ 打开素材，如图12-419所示，将其拖曳到粉彩图像的
右下角，设置混合模式为"滤色"，如图12-420、图12-
421所示。

图12-419　　　　图12-420

图12-421

12.19　动漫美少女形象设计

12.19.1　绘制底色

① 打开素材。"路径"面板中包含卡通少女外形轮廓
素材，这是用钢笔工具绘制的。轮廓绘制并不需要特别
的技巧，只要能熟练使用钢笔工具，就能很好地完成。
下面我们来学习上色技巧。单击"路径1"，在画面中显
示路径，如图12-422、图12-423所示。

图12-422　　　　图12-423

② 新建一个图层，命名为"皮肤"，如图12-424所示。
将前景色设置为淡黄色（R253，G252，B220）。使用路
径选择工具 ▶ 在脸部路径上单击，选取路径。单击"路
径"面板底部的 ● 按钮，用前景色填充路径，如图12-
425所示。

图12-424　　　　图12-425

③ 选择身体路径，填充皮肤色（R254，G223，
B177），如图12-426所示。选择脖子下面的路径，如图
12-427所示，单击"路径"面板底部的 ⬚ 按钮，将路径
转换为选区，如图12-428所示。使用画笔工具 ✎ （柔
角）在选区内填充暖褐色，选区中间位置颜色稍浅，按
Ctrl+D快捷取消选择，如图12-429所示。用浅黄色表现
脖子和锁骨，如图12-430所示。

图12-426　　　　图12-427

图12-428　　　　　图12-429　　　　　图12-430

图12-436　　　　　图12-437　　　　　图12-438

tip 单击"路径"面板中的路径层，可以在画面中显示路径；使用路径选择工具 ▶ 选取路径，单击"路径"面板底部的按钮，可以对其进行填充、描边或转换选区等操作。要修改路径，则需要使用直接选择工具 ▶，通过移动锚点来完成。在"路径"面板空白处（路径层下方）单击，可以隐藏路径。

03 使用路径选择工具 ▶，按住Shift键选取眼睛、眼线及睫毛等路径，如图12-439所示。填充栗色，如图12-440所示。在"路径"面板的空白处单击，取消路径的显示，如图12-441所示。

04 按住Ctrl键，单击"图层"面板底部的 🔲 按钮，在当前图层下方新建一个图层，命名为"耳朵"，如图12-431所示。在"路径"面板中选取耳朵路径，填充颜色（比脸部颜色略深一点），如图12-432所示。

图12-431　　　　　　　图12-432

图12-439　　　　　图12-440　　　　　图12-441

04 单击 按钮锁定该图层的透明像素，如图12-442所示。用画笔工具（"柔角"为40像素，"不透明度"为80%）分别在上、下眼线处涂抹浅棕色，降低画笔工具的不透明度，可使绘制的颜色过渡自然，如图12-443所示。

tip 设置前景色时，可以先使用吸管工具 🖋 拾取皮肤色，再打开"拾色器"将颜色调暗。按 [键（缩小）或] 键（放大），可以调整画笔大小。

12.19.2 绘制眼睛

01 在"皮肤"图层上方新建一个图层，命名为"眼睛"。选择眼睛路径，如图12-433所示。单击"路径"面板底部的 ⭕ 按钮，将路径转换为选区，用淡青灰色填充选区，如图12-434所示。用画笔工具（柔角）在眼角处涂抹棕色，如图12-435所示。按Ctrl+D快捷键取消选择。

图12-442　　　　图12-443

05 按"]"键将笔尖调大，在眼珠里面涂抹桃红色，如图12-444所示。使用椭圆选框工具 ⭕ （"羽化"为2像素），按住Shift键创建一个选区，如图12-445所示，填充栗色，按Ctrl+D快捷键取消选择，如图12-446所示。

图12-433　　　　　图12-434　　　　　图12-435

图12-444　　　　　图12-445　　　　　图12-446

02 使用椭圆选框工具 ⭕ 创建一个选区，如图12-436所示。单击工具选项栏中的"从选区减去"按钮 🔲，再创建一个与当前选区重叠的选区，如图12-437所示，通过选区相减运算得到月牙状选区，填充褐色，如图12-438所示。

06 使用加深工具 沿着眼线涂抹，对颜色进行加深处理，如图12-447所示。将前景色设置为淡黄色。选择画笔工具，设置混合模式为"叠加"，在眼球上单击，形成闪亮的反光效果，如图12-448所示。

图12-447　　　　　　图12-448

07 用画笔工具 ✐（混合模式为正常）在眼球上绘制白色光点，如图12-449所示。将画笔工具的混合模式设置为"叠加"，不透明度为66%，将前景色设置为黄色（R255，G241，B0），在眼球上涂抹黄色，如图12-450所示。

图12-449 图12-450

08 新建一个图层。先用画笔工具 ✐ 画出眼眉的一部分，如图12-451所示。再用涂抹工具 ✐ 在笔触末端按住鼠标拖动，涂抹出眼眉形状，如图12-452所示。用橡皮擦工具 ✐ 适当擦除眉头与眉梢的颜色，如图12-453所示。

图12-451 图12-452 图12-453

09 按住Ctrl键单击"眼睛"图层，如图12-454所示。按Alt+Ctrl+E快捷键盖印图层，将眼睛和眼眉合并到一个新的图层中，如图12-455所示。执行"编辑"|"变换"|"水平翻转"命令，使用移动工具 ✛ 将图像拖到脸部右侧，如图12-456所示。

图12-454 图12-455

图12-456

10 单击"路径"面板中的路径层，显示路径。使用路径选择工具 ▶ 选取鼻子路径，如图12-457所示。在"图层"面板中新建一个名称为"鼻子"的图层，用浅褐色填充路径区域，如图12-458所示。

图12-457 图12-458

12.19.3 绘制嘴和耳朵

01 新建图层用以绘制嘴部，同样是用选取路径进行填充的方法，如图12-459、图12-460所示。表现牙齿和嘴唇时，则需要将路径转换为选区，使用画笔工具 ✐ 在选区内绘制出明暗效果，如图12-461~图12-464所示。

图12-459 图12-460 图12-461

图12-462 图12-463 图12-464

02 用吸管工具 ✐ 拾取皮肤色作为前景色。在"画笔"面板中选择"半湿描油彩笔"笔尖，如图12-465所示，在嘴唇上单击，表现出纹理感。绘制时可降低画笔的不透明度，使颜色有深浅变化，并能表现嘴唇的体积感，还要根据嘴唇的弧线调整笔尖的角度，如图12-466所示。

图12-465 图12-466

03 分别选取"皮肤"和"耳朵"图层，绘制出五官的结构，如图12-467、图12-468所示。

图 12-467　　　　　　　　图 12-468

12.19.4　绘制头发

01　选择头发路径，如图12-469所示。在"图层"面板中新建一个名称为"头发"的图层，用黄色填充路径区域，如图12-470所示。

图 12-469　　　　　　　　图 12-470

02　单击"路径"面板底部的 🔲 按钮，新建一个路径层，如图12-471所示。选择钢笔工具 ✐，在工具选项栏中选择"路径"选项，绘制头发的层次，如图12-472所示。

图 12-471　　　　　　　　图 12-472

03　单击"路径"面板底部的 ⟲ 按钮，将路径转换为选区。新建一个图层。在选区内填充棕黄色，使用橡皮擦工具 ✎（柔角，不透明度20%）适当擦除，使颜色产生明暗变化，如图12-473所示。按Ctrl+D快捷键取消选择，效果如图12-474所示。

图 12-473　　　　　　　　图 12-474

04　分别创建一个新的路径层和图层，用钢笔工具 ✐ 绘制发丝，如图12-475所示。将前景色设置为褐色。选择画笔工具 ✐，在"画笔"下拉面板中选择"硬边圆压力大小"笔尖，设置大小为4像素，如图12-476所示。按住Alt键，单击"路径"面板底部的 ⟲ 按钮，打开"描边路径"对话框，选取"模拟压力"选项，如图12-477所示，描绘发丝路径，如图12-478所示。

图 12-475　　　　　　　　图 12-476

图 12-477　　　　　　　　图 12-478

05　选择"头发"图层，使用加深工具 ✐ 涂抹，加强头发的层次感，如图12-479所示。绘制出脖子后面的头发，如图12-480所示。

图 12-479　　　　　　　　图 12-480

06 打开素材，如图12-481所示。将"组1"拖入人物文件中，如图12-482所示。

图12-481　　　　　　图12-482

07 按Alt+Ctrl+E快捷键，将"组1"中的图像盖印到一个新的图层中，按住Ctrl键单击该图层缩览图，载入所有花朵装饰物的选区，如图12-483所示。

图12-483

08 按住Alt+Shift+Ctrl快捷键，单击"头发"图层缩览图，通过选区运算，得到的选区用来制作花朵在头发上形成的投影，如图12-484所示。

图12-484

09 将盖印的图层删除，创建一个新图层。在选区内填充褐色，按Ctrl+D快捷键取消选择，如图12-485所示。执行"滤镜"|"模糊"|"高斯模糊"命令，对图像进行模糊处理，如图12-486所示。

图12-485　　　　　　图12-486

10 设置该图层的混合模式为"正片叠底"，不透明度为35%，按Ctrl+[快捷键，将其拖动到"组 1"的下方，使用移动工具 将投影略向下移动，如图12-487、图12-488所示。选择"背景"图层，填充肉粉色（R248，G194，B172），如图12-489所示。

图12-487　　　　　　图12-488

图12-489

12.20 制作冰手特效

01 打开素材文件，如图12-490所示。选择快速选择工具 ，在工具选项栏中设置工具参数，如图12-491所示，将手选中，如图12-492所示。

图12-490   图12-491

tip 创建选区时，一次不能完全选中两只手，对于多选的部分，可以按住Alt键，在其上拖动鼠标，将其排除到选区之外；对于漏选的区域，可以按住Shift键在其上拖动鼠标，将其添加到选区中。

图12-492

02 连续按4次Ctrl+J快捷键，将选中的手复制到4个图层中，如图12-493所示。分别在图层的名称上双击，为图层输入新的名称。选择"质感"图层，在其他3个图层的眼睛图标 上单击，将它们隐藏，如图12-494所示。

图12-493   图12-494

03 执行"滤镜"|"滤镜库"命令，打开"滤镜库"，展开"艺术效果"滤镜组，单击"水彩"滤镜，用"水彩"滤镜处理图像，如图12-495所示。

图12-495

04 双击"质感"图层，打开"图层样式"对话框，按住Alt键向右侧拖动"本图层"选项组中的黑色滑块，将它分为两个部分，然后将右半部滑块定位在色阶237处，如图12-496所示。这样调整以后，可以将该图层中色阶值低于237的暗色调像素隐藏，只保留由滤镜所生成的淡淡的纹理，而将黑色边线隐藏，如图12-497所示。

图12-496   图12-497

tip 按住Alt键，拖动"本图层"中的滑块，可以将其分为两个部分调整。这样操作的好处在于，可以在隐藏的像素与显示的像素之间，创建半透明的过渡区域，使隐藏效果的过渡更加柔和、自然。

05 选择并显示"轮廓"图层，如图12-498所示。执行"滤镜"|"滤镜库"命令，打开"滤镜库"，展开"风格化"滤镜组，选择"照亮边缘"命令，设置参数如图12-499所示。将该图层的混合模式设置为"滤色"，生成类似于冰雪般的透明轮廓，如图12-500所示。

图12-498   图12-499

图 12-500

06 按Ctrl+T快捷键显示定界框，拖动两侧的控制点将图像拉宽，使轮廓线略超出手的范围。按住Ctrl键，将右上角的控制点向左移动一点，如图12-501、图12-502所示，按Enter键确认操作。

图 12-501　　　　　　　　图 12-502

07 选择并显示"高光"图层，执行"滤镜"|"素描"|"铬黄"命令，应用该滤镜，如图12-503所示。将该图层的混合模式设置为"滤色"，如图12-504、图12-505所示。

图 12-503

图 12-504　　　　　　　　图 12-505

08 选择并显示"手"图层，单击"图层"面板顶部的 按钮，如图12-506所示，将该图层的透明区域锁定。按D键恢复默认的前景色和背景色，按Ctrl+Delete快捷键，填充背景色（白色），使手图像成为白色，如图12-507所示。由于锁定了图层的透明区域，因此，颜色不会填充到手外边。

图 12-506　　　　　　　　图 12-507

09 单击"图层"面板底部的 按钮，为图层添加蒙版。使用柔角画笔工具 在两只手内部涂抹灰色，颜色深浅应有一些变化，如图12-508、图12-509所示。

图 12-508　　　　　　　　图 12-509

10 单击"高光"图层，按住Ctrl键，单击该图层的缩览图，载入手的选区，如图12-510、图12-511所示。

图 12-510　　　　　图 12-511

⑪ 创建"色相/饱和度"调整图层，设置参数如图12-512所示，将手调整为冷色，如图12-513所示。选区会转化到调整图层的蒙版中，以限定调整范围。

图 12-512　　　　　图 12-513

⑫ 单击"图层"面板底部的 🔲 按钮，在调整图层上面创建一个图层，如图12-514所示。选择柔角画笔工具 🖌，按住Alt键（可切换为吸管工具 💧），在蓝天上单击一下，拾取蓝色作为前景色，然后放开Alt键，在手臂内部涂抹蓝色，让手臂看上去更加透明，如图12-515所示。

图 12-514　　　　　图 12-515

⑬ 使用椭圆选框工具 ⭕ 选中篮球。选择"背景"图层，按Ctrl+J快捷键将篮球复制到一个新的图层中，如图

12-516所示。按Shift+Ctrl+] 快捷键，将该图层调整到最顶层，如图12-517所示。

图 12-516　　　　　图 12-517

⑭ 按Ctrl+T快捷键显示定界框。单击鼠标右键，打开快捷菜单，选择"水平翻转"命令，翻转图像；将光标放在控制点外侧，拖动鼠标旋转图像，如图12-518所示，按Enter键确认操作。单击"图层"面板底部的 🔲 按钮，为图层添加蒙版。使用柔角画笔工具 🖌，在左上角的篮球上涂抹黑色，将其隐藏。按数字键3，将画笔的不透明度设置为30%，在篮球右下角涂抹浅灰色，使手掌内的篮球呈现若隐若现的效果，如图12-519、图12-520所示。

图 12-518　　　　图 12-519　　　　图 12-520

⑮ 按住Ctrl键，单击"手"图层的缩览图，载入手的选区，如图12-521所示。选择椭圆选框工具 ⭕，按住Shift键，单击并拖动鼠标将篮球选中，将其添加到选区中，如图12-522所示。

图 12-521　　　　　图 12-522

16 执行"编辑"|"合并拷贝"命令，复制选中的图像，按Ctrl+V快捷键粘贴到一个新的图层中（"图层3"），如图12-523所示。按住Ctrl键，单击"轮廓"图层，将它与"图层3"同时选择，如图12-524所示。打开素材文件，如图12-525所示，使用移动工具 ✛ 将选中的两个图层拖入该文档中，效果如图12-526所示。

图 12-523　　　　图 12-524　　　　图 12-525

图 12-526

12.21　制作隐形人特效

01 打开素材，如图12-527所示。我们要给人物穿上"隐身衣"，使她"消失"在周围的环境里。先来抠图，对背景进行一个色调调整，使其在与花卉素材混合时，效果能够明亮一些。选择快速选择工具 ✑ ，单击工具选项栏中的"选择主体"按钮，系统会自动创建一个选区，将人物选取，虽然这个选区在细节上推敲还不够精细，但已经是很智能化了，如图12-528所示。

性"面板中分别勾选"智能半径"和"净化颜色"复选框，设置参数，使选区更加精确。如图12-529~图12-531所示。

图 12-527　　　　　　图 12-528

02 处理一下这个选区的细节。单击工具选项栏中的"选择并遮住"按钮，视图自动以"叠加"模式显示，人物在红色的映衬下，边缘细节清晰可见。在选择视图模式时，以能更好地衬托对象为佳，假设对象是以红色为主调的，则适合选用黑底或白底的视图模式。在"属

图 12-529

图 12-530

图 12-531

03 再仔细检查一下选区的边缘，看是否有多选或漏选的区域。可以看到，在人物的发梢部分，还残留一些背景图像，如图12-532所示。选择调整边缘画笔工具 ✑ ，在发梢上涂抹，将这部分图像处理干净，如图12-533所示。

图 12-532   图 12-533

04 在"输出到"下拉列表中选择"选区"选项，单击"确定"按钮，完成人物选区的制作，如图12-534、图12-535所示。

图 12-534   图 12-535

05 按Shift+Ctrl+I快捷键反选，将背景选取。单击"图层"面板底部的 ◎ 按钮，选择"纯色"命令，用白色填充图层，设置不透明度为55%，如图12-536、图12-537所示。

图 12-536   图 12-537

06 打开一个图案素材，如图12-538所示。使用移动工具 ✛ 将图案拖入人物文档中，设置混合模式为"颜色加深"，如图12-539、图12-540所示。

图 12-538   图 12-539   图 12-540

07 将光标放在"颜色填充1"图层的蒙版缩览图上，按住Alt键，将其拖动到"图层1"，复制蒙版到该图层，人物就能完全显示出来了，如图12-541、图12-542所示。

图 12-541   图 12-542

08 选择画笔工具 ✐ ，在人物的身上涂抹白色（蒙版中的白色为图像的显示区域），这样就形成了一个视觉反差，人物面部和头发都是真实的，而身体却被隐藏在图案中，如图12-543、图12-544所示。只是这种隐藏效果太过明显，似有还无才是这幅作品真正要表达的意境。

图 12-543   图 12-544

09 在工具选项栏中设置画笔工具的"不透明度"为60%，如图12-545所示。单击"填充图层1"的蒙版缩览图，用画笔工具 ✐ 在人物的手臂和衣服（这部分在蒙版中显示为黑色）上涂抹白色，由于设置了不透明度，此时涂抹所生成的颜色为浅灰色，它弱化了这部分图像的显示，同时又能若隐若现地看出身体的轮廓，如图12-546、图12-547所示。

图 12-545

⑫ 单击"调整"面板中的 ▥ 按钮，创建"色阶"调整图层，向左侧拖动中间调滑块，增加图像的亮部区域，以减少暗调的范围，使画面明亮一些，如图12-552~图12-554所示。

图 12-552　　　　图 12-553　　　　图 12-554

图 12-546　　　　　　　图 12-547

⑩ 按住Ctrl键，单击该图层的缩览图，将蒙版中的白色区域（背景）作为选区载入，如图12-548、图12-549所示。

⑬ 单击"调整"面板中的 ▧ 按钮，创建"可选颜色"调整图层，分别对"红色""黄色"和"绿色"进行调整，如图12-555~图12-558所示，以减少画面中青色和黄色的含量，使整体颜色趋向粉橙色，风格更加浪漫柔美。

图 12-548　　　　　　　图 12-549

⑪ 单击"图层"面板底部的 ▭ 按钮，新建一个图层，设置"不透明度"为40%，将前景色设置为深棕色，用画笔工具 ✐ 在头部两侧绘制投影，使头部与图案产生一些距离感，如图12-550、图12-551所示。

图 12-555　　　　　　　图 12-556

图 12-550　　　　　　　图 12-551

图 12-557　　　　　　　图 12-558

⑭ 单击"调整"面板中的 ☀ 按钮，创建"亮度/对比度"调整图层，增加亮度和对比度，使画面色调清新明朗，如图12-559、图12-560所示。

图 12-559 　　　　　　　　图 12-560

15 最后，整理一下画面下方略显发白的图案背景。根据个人感觉，喜欢浅淡色调的可以忽略这一步操作。在"颜色填充1"的蒙版中进行处理，用浅灰色涂抹这部分区域，可适当恢复色调，使图案变得清晰一些，如图12-561、图12-562所示。

图 12-561 　　　　　　　　图 12-562

12.22 擎天柱重装上阵

01 打开变形金刚素材。打开"路径"面板，单击路径层，如图12-563所示，按Ctrl+Enter快捷键，将路径转换为选区，如图12-564所示。

图 12-563 　　　　　　　　图 12-564

02 打开手素材，如图12-565所示。使用移动工具 ✛ 将选中的变形金刚拖入手文档中，如图12-566所示。

图 12-565 　　　　　　　　图 12-566

03 按两下Ctrl+J快捷键复制图层。单击下面两个图层的眼睛图标 👁 ，将它们隐藏。按Ctrl+T快捷键显示定界框，将图像旋转，如图12-567、图12-568所示。

图 12-567 　　　　　　　　图 12-568

04 单击"图层"面板底部的 ▭ 按钮，添加蒙版。使用画笔工具 🖌 在变形金刚腿部涂抹黑色，将其隐藏，如图12-569、图12-570所示。

图 12-569 　　　　　　　　图 12-570

05 将该图层隐藏，选择并显示中间的图层。按Ctrl+T快捷键显示定界框，按住Ctrl键拖曳控制点，对图像进行变形处理，按Enter键确认操作，如图12-571、图12-572所示。

图 12-571　　　　图 12-572

06 按D键，恢复默认的前景色和背景色。执行"滤镜"|"滤镜库"命令，打开"滤镜库"，在"素描"滤镜组中找到"绘图笔"滤镜，设置参数如图12-573所示。将图像处理成为铅笔素描效果，再将图层的混合模式设置为"正片叠底"，效果如图12-574所示。

图 12-573　　　　图 12-574

07 单击"图层"面板底部的按钮，添加蒙版。用画笔工具在变形金刚上半身，以及遮挡住手指和铅笔的图像上涂抹黑色，将其隐藏起来，如图12-575所示。单击图层前面的眼睛图标，将该图层隐藏，选择并显示最下面的变形金刚图层，对该图像进行适当扭曲，如图12-576所示。

图 12-575　　　　图 12-576

08 设置该图层的混合模式为"正片叠底"，不透明度为55%。单击"图层"面板顶部的按钮，锁定透明区域，调整前景色为（R39，G29，B20），按Alt+Delete快捷键填色，如图12-577、图12-578所示。

图 12-577　　　　图 12-578

09 再单击一下按钮，解除锁定。执行"滤镜"|"模糊"|"高斯模糊"命令，如图12-579所示，让图像的边缘变得柔和，使之成为变形金刚的投影。为该图层添加蒙版，用柔角画笔工具修改蒙版，将下半边图像隐藏起来，如图12-580、图12-581所示。

图 12-579　　　　图 12-580

图12-581

10 将上面的两个图层显示出来。单击"调整"面板中的按钮，创建"曲线"调整图层，拖曳曲线，将图像调亮，如图12-582所示。将它移到图层的顶层。使用渐变工具填充黑白线性渐变，对蒙版进行修改，如图12-583、图12-584所示。

图 12-582　　　　　　图 12-583

11 新建一个图层，使用柔角画笔工具 ✏ 在画面的四周涂抹黑色，对边角进行加深处理，如图12-585所示，设置该图层的混合模式为"柔光"，不透明度为60%，如图12-586、图12-587所示。

图 12-585　　　　　　图 12-586

图 12-584

图 12-587

12.23 艺术纸雕

12.23.1 绘制灯神

01 打开素材，如图12-588所示，神灯位于画面右下角，其余空白处用来制作纸雕。制作过程就像在擦亮神灯，召唤威力强大的灯神出现。实例所有素材都放在"组1"文件夹中。单击"组1"前面的 ❯ 图标，可以展开图层组，如图12-589所示，组中还有4个图层，它们均为隐藏状态，在实例快完成时才会用到这些图层。

02 按住Ctrl键，单击 ▭ 按钮，在"组1"层下方新建一个图层，如图12-590所示。将前景色设置为鱼肚白色（R236，G231，B218），按Alt+Delete快捷键填充前景色，如图12-591所示。

图 12-590　　　　　　图 12-591

03 选择钢笔工具 ✒，在工具选项栏中选择"路径"选项，单击 ⚙ 按钮，在打开的下拉列表中选中"橡皮带"选项，绘制路径时，钢笔工具无论移向画面的任何位

图 12-588　　　　　　图 12-589

置，都会与上一锚点之间形成一条连接线，可以看到将要创建的路径段，以便更好地判断路径的走向。绘制出灯神的大致形象后，再用直接选择工具 ▶ 调整锚点的位置、修改方向线（曲线路径上的锚点有方向线）的形状，以使图形符合要求，如图12-592所示。

04 选择矩形工具 □ ，在工具选项栏中选择"排除重叠形状"选项 ⛶，创建一个与画板大小相同的矩形，如图12-593所示，矩形与灯神图形重叠的区域将被排除。

图12-592   图12-593

05 执行"图层"|"矢量蒙版"|"当前路径"命令，基于当前路径创建矢量蒙版，如图12-594所示，可以看到，灯神图形内部为挖空区域，如图12-595所示，呈现出了背景的颜色。

图12-594   图12-595

12.23.2 制作层叠纸雕特效

01 双击该图层，打开"图层样式"对话框，在左侧列表中选择"外发光"选项，设置参数，如图12-596、图12-597所示。

图12-596   图12-597

02 单击"背景"图层，如图12-598所示，以使新绘制的形状图形位于该层之上。选择钢笔工具 ⌀ ，在工具选项栏中选择"形状"选项。形状是有颜色填充的，将颜色设置为青蓝色（R134，G209，B199）。在灯神图形右侧绘制形状，画面中的可见部分要用平滑的曲线路径表现出来。我们知道单击鼠标产生的是角点，而单击并拖曳光标产生的是平滑点，能够生成柔和的曲线路径。被画面遮挡的部分，简要概括即可，如图12-599所示。在工具选项栏中选择"合并形状"选项 ⛶，在灯神肩头绘制一个小图形，如图12-600所示。

图12-598   图12-599

钢笔、矩形、自定形状等矢量工具有3种绘制模式："形状""路径"和"像素"。绘制形状或像素图形，都可以预先在工具选项栏的"填充"选项进行设置（包括绘制后的颜色调整）。如果习惯使用工具面板中的"设置前景色"调整颜色，可在设置颜色后，按Alt+Delete快捷键给形状填色。

图12-600

03 双击该图层，打开"图层样式"对话框，在左侧列表中选择"投影"选项，设置参数，如图12-601所示，使纸雕产生层叠感，如图12-602所示。

图 12-601

图 12-602

04 单击"背景"图层，以使新绘制的形状图层能够位于"背景"图层上方。将前景色设置为棕红色（R153，G73，B35）。用钢笔工具 ✐ 绘制图形，要较之青蓝色图形更大一些，才能显示在画面中，而且形态也要有所变化，看起来才不呆板，如图12-603所示。按住Alt键，将"形状1"图层后面的效果图标 *fx* 拖曳到"形状2"，复制图层效果，如图12-604所示。

图 12-603

图 12-604

05 将前景色设置为浅黄橙色（R230，G160，B94），在"形状2"图层下方绘制图形，如图12-605所示。调整前景色为黄橙色（R222，G130，B58），继续绘制图形，并复制图层样式，如图12-606所示。

图 12-605

图 12-606

06 将前景色设置为花青色（R0，G74，B104），绘制出最下一层，并复制图层样式，如图12-607所示。至此，组成纸雕的大图形就制作完了，一共分为6个图层，如图12-608所示。

图 12-607

图 12-608

12.23.3 添加小图形及文字

01 展开"组1"层，在隐藏的图层前面单击，将它们显示出来。单击"城堡"图层，如图12-609所示，将它拖至"背景"图层上方，使用移动工具 ✛ 将城堡放在灯神的脖子上，如图12-610所示。

图 12-609

图 12-610

02 单击 ▦ 按钮锁定该图层的透明像素，使用吸管工具 ✐ 在深褐色背景上单击，拾取颜色，按Alt+Delete快捷键，为城堡重新填色。双击该图层，打开"图层样式"对话框，为其添加"投影"效果，如图12-611、图12-612所示。

图 12-611

图 12-612

示。在画面左下方单击并拖出一个定界框，放开鼠标后输入故事内容（文字大小为6点），文字会在文本框边界处自动换行，可以根据画面构图调整文本框的大小，如图12-614所示。

03 用同样的方法，将其他小图形放在相应位置作为装饰，并设置相同的"投影"效果。选择横排文字工具 **T**，在工具选项栏中设置字体及大小，在画面右上方单击，输入文字，单击 ✓ 按钮结束输入状态，如图12-613所示。

图 12-613

图 12-614

12.24 CG艺术人像

12.24.1 面部修饰

01 打开素材，如图12-615所示。单击"图层"面板底部的 按钮，新建一个图层，如图12-616所示。

02 选择仿制图章工具 ，设置工具"大小"为柔角40像素，勾选"对齐"复选框，在"样本"下拉列表中选择"所有图层"选项，如图12-617所示。

图 12-618

图 12-619

图 12-620

图 12-621

04 用同样的方法处理另一侧眼眉，如图12-622所示。

图 12-615

图 12-616

图 12-617

03 按住Alt键，在眼眉上方单击进行取样，如图12-618所示，放开Alt键，在眼眉上拖动光标，将眼眉遮盖，如图12-619、图12-620所示。遮盖后皮肤上有一条明显的线，将仿制图章工具的"不透明度"设置为30%，在这条线上涂抹，直到产生柔和的过渡，如图12-621所示。

图 12-622

05 单击"图层"面板底部的 ● 按钮，在打开的下拉菜单中选择"色相/饱和度"命令，创建"色相/饱和度"调整图层，拖动滑块，降低饱和度参数，如图12-623、图12-624所示。

图12-623　　　　　图12-624

06 再创建一个"曲线"调整图层，调整曲线增加图像的对比度，如图12-625所示。再分别调整红、绿和蓝曲线，改变人像的色调，如图12-626~图12-629所示。

图12-625　　　图12-626　　　图12-627

图12-628　　　　　图12-629

12.24.2　面部贴图

01 执行"图层"|"拼合图像"命令，将所有的图层合并。按住Ctrl键，单击Alpha 1通道，载入该通道中的选区，如图12-630、图12-631所示。

图12-630　　　　　图12-631

02 使用移动工具 ✛，将选区内的人物拖入到新建文档中。选择钢笔工具 ✐，在工具选项栏中选择"形状"选项，绘制一个黑色的图形，如图12-632所示。双击"形状"图层，打开"图层样式"对话框，选择"斜面和浮雕""投影"效果，设置参数如图12-633、图12-634所示，效果如图12-635所示。

图12-632　　　　　图12-633

图12-634　　　　　图12-635

03 在人物的下巴、嘴唇上绘制图形，以棕色和黑色填充，设置图层的"混合模式"为"正片叠底"，将"形状3"图层的"不透明度"设置为60%，如图12-636、图12-637所示。

图 12-636　　　　　图 12-637

04 按住Ctrl键，单击"形状1"图层缩览图，载入选区，再按住Shift+Ctrl快捷键，单击"形状2"图层缩览图，将该形状添加到选区内，如图12-638所示。新建一个图层，使用画笔工具 ✎ 在选区内涂抹暗黄色，增加图形的立体效果，如图12-639所示。

图 12-638　　　　　图 12-639

05 打开素材，如图12-640所示。将蝴蝶拖动到人物文档中，调整大小，如图12-641所示。

图 12-640　　　　　图 12-641

06 按Ctrl+U快捷键，打开"色相/饱和度"对话框，勾选"着色"复选框，调整参数，改变蝴蝶的色彩，如图12-642、图12-643所示。

图 12-642　　　　　图 12-643

07 按Ctrl+M快捷键，打开"曲线"对话框，将曲线向下调整，使蝴蝶变暗，如图12-644、图12-645所示。

图 12-644　　　　　图 12-645

08 设置"混合模式"为"叠加"，单击"图层"面板底部的 ▢ 按钮创建蒙版，使用画笔工具 ✎ 在眼睛上涂抹黑色，隐藏这部分区域。在蝴蝶的底边处也涂抹黑色，使它与人物的皮肤能更好地衔接，如图12-646、图12-647所示。

图 12-646　　　　　图 12-647

09 再次将蝴蝶素材拖入文档中，调整大小，放置在画面下方，作为人物的衣服。按Ctrl+U快捷键打开"色相/饱和度"对话框，调整参数，使蝴蝶变成暗绿色，如图12-648、图12-649所示。

图 12-648　　　　　图 12-649

10 按Ctrl+M快捷键，打开"曲线"对话框，在曲线上单击并向下拖动，使蝴蝶的色调变暗，如图12-650、图12-651所示。

图 12-650　　　　　　图 12-651

12.24.3　眼妆与头饰

01 打开素材文件，如图12-652所示。使用移动工具 ✛ 将其拖入人物文档中，添加蒙版，使用画笔工具 ✐ 在眼睛上涂抹黑色，使眼睛显示出来，如图12-653所示。

图 12-652　　　　　　图 12-653

02 按Ctrl+J快捷键复制当前图层，执行"编辑"|"变换"|"水平翻转"命令，将翻转后的图像移动到右侧眼睛上，如图12-654所示。

图 12-654

03 按Ctrl+E快捷键，向下合并图层，此时会弹出一个提示对话框，询问合并前是否应用蒙版，选择"应用"选项即可。按住Ctrl键，单击"图层5"的缩览图，载入选区，如图12-655、图12-656所示。

04 在当前图层下方新建一个图层，设置混合模式为"正片叠底"，不透明度为80%。在选区内填充棕色，按Ctrl+D快捷键取消选择。使用橡皮擦工具 ◢ 将遮挡住眼睛的部分擦除。执行"滤镜"|"模糊"|"高斯模糊"命令，设置参数如图12-657所示。按Ctrl+T快捷键显示定

界框，适当增加图像的高度，然后按Enter键确认操作，如图12-658所示。

图 12-655　　　　　　图 12-656

图 12-657　　　　　　图 12-658

05 打开素材，如图12-659所示，使用移动工具 ✛ 将其拖入人物文档中。将"底图"放在"背景"图层上方，效果如图12-660所示。

图 12-659　　　　　　图 12-660

06 在素材的衬托下，为脸部再添加些妆容。使用椭圆选框工具 ◯ 在嘴唇上创建选区，如图12-661所示。

图 12-661

07 单击"图层"面板底部的 ● 按钮，选择"曲线"命令，创建"曲线"调整图层，将曲线向上调整，增加图像的亮度，如图12-662所示；再分别调整红、绿和蓝3个通道，如图12-663~图12-665所示，使嘴唇（选区内）颜色变为橙色，如图12-666所示。

图 12-666

08 使用画笔工具 ✐ 在嘴唇上涂抹白色，使调整图层只作用于嘴唇范围，如图12-667所示。

图 12-662　　图 12-663

图 12-664　　图 12-665

图 12-667

12.25 破碎的瓷胳膊

12.25.1 修补图像并绘制出瓷器的断面

01 打开素材，如图12-668所示。选择套索工具 ◯，在手臂上绘制选区，新建一个图层，按Alt+Delete快捷键填色，如图12-669所示。

02 按Ctrl+D快捷键取消选择。在手肘的位置再绘制一个选区，也填充黑色，如图12-670所示，然后取消选择。这两个黑色图形作为手臂断裂形成的缺口，它们之间的手臂图像应消失，用衣服加以替换。按住Ctrl键单击"图层"面板底部的 ◻ 按钮，在"图层1"下方新建一个图层，如图12-671所示。

图 12-668　　图 12-669

图 12-670　　图 12-671

03 选择仿制图章工具👤，设置"大小"为柔角18像素，勾选"对齐"复选框，在"样本"下拉列表中选择"当前和下方图层"选项，如图12-672所示。避开上方图层，才不会把"图层1"中的两块黑色复制出来。按住Alt键，在衣服的接缝处单击进行取样，如图12-673所示，然后放开Alt键在手臂上涂抹，如图12-674所示，复制的接缝线要与原图中的衔接上，如图12-675、图12-676所示。为了不使褶皱重复，可在衣服其他位置再次取样，如图12-677所示，然后进行涂抹，如图12-678所示。

图 12-681　　　　　　　　图 12-682

图 12-672

图 12-673　　　　图 12-674　　　　图 12-675

图 12-676　　　　图 12-677　　　　图 12-678

04 在"仿制图章"下拉面板中，将笔尖"硬度"设置为70%，如图12-679所示，按住Alt键，在灰色背景处单击进行取样，然后放开Alt键，在衣服边缘涂抹，如图12-680所示。在工具选项栏中将"不透明度"设置为40%，在衣服较浅的位置取样，然后在与其相接的深色位置涂抹，使这部分明暗有所过渡，如图12-681、图12-682所示。

12.25.2 深入刻画断面厚度及明暗

01 选择"图层1"，单击🔲按钮，锁定该层的透明像素，如图12-683所示。使用画笔工具🖌绘制出断面的明暗，如图12-684所示。新建一个图层。按 [键将笔尖调小，先用白色绘制出断面的厚度，如图12-685所示，再锁定该层的透明像素，使用画笔工具🖌进一步表现明暗，如图12-686所示。

图 12-683　　　　　　　　图 12-684

图 12-685　　　　　　　　图 12-686

02 使用套索工具🔾在断面中间位置绘制一个选区，如图12-687所示。单击"背景"图层，按Ctrl+J快捷键将选区内的图像复制到新的图层中，生成"图层4"，按Shift+Ctrl+]快捷键将其移至顶层，如图12-688、图12-689所示。在该图层下方新建一个图层，绘制出碎片的厚度效果。并使用同样的方法，再制作出几个不同大小的碎片，如图12-690所示。

图 12-679　　　　　　　图 12-680

图 12-687

图 12-688

图 12-689

图 12-690

12.25.3 绘制粉尘

01 按F5键打开"画笔"面板，单击左侧的"画笔笔尖形状"选项，在预览窗口中选择"喷溅14像素"画笔，设置"大小"为5像素，"间距"为547%，如图12-691所示。勾选"形状动态"复选框，设置"大小抖动"为80%，"最小直径"为13%，如图12-692所示。勾选"散布"复选框，设置"散布"为1000%，"数量"为2，"数量抖动"为32%，如图12-693所示。

图 12-691

图 12-692

图 12-693

02 新建一个图层。将前景色设置为黑色。在手臂断裂处绘制一些黑色的粉末。再创建一个图层，绘制些白色粉末，如图12-694所示。用两个图层制作粉末效果，是为了方便修改，可以根据效果对黑色或白色粉末进行单独调整，增加或减少粉末数量（用橡皮擦工具 ✎）。

图 12-694

12.25.4 调整画面色彩

01 单击"调整"面板中的 ▦ 按钮，创建"色相/饱和度"调整图层，分别对画面中的"红色""青色"和"蓝色"进行调整，如图12-695~图12-698所示。

图 12-695

图 12-696

03 单击"调整"面板中的 按钮，创建"色彩平衡"调整图层，分别对"阴影"和"高光"进行调整，如图12-701~图12-703所示。

图 12-701

图 12-702

图 12-697

图 12-698

02 单击"调整"面板中的 按钮，创建"亮度/对比度"调整图层，增加对比度，使图像更加清晰，如图12-699、图12-700所示。

图 12-703

图 12-699

图 12-700

附录

附录 A Photoshop CC 2018 快捷键速查表

工具／（快捷键）	工具／（快捷键）	工具／（快捷键）
移动工具 ✛（V）	画板工具 ⬒	矩形选框工具 ⬚（M）
椭圆选框工具 ○（M）	单行选框工具 ⬍	单列选框工具 ⫴
套索工具 ♾（L）	多边形套索工具 ⊿（L）	磁性套索工具 ⊿（L）
快速选择工具 ✦（W）	魔棒工具 ✦（W）	吸管工具 ⌖（I）
3D材质吸管工具 ✦（I）	颜色取样器工具 ✦（I）	标尺工具 ▭（I）
注释工具 ▦（I）	计数工具 1₂³（I）	裁剪工具 ⌐（C）
透视裁剪工具 ▥（C）	切片工具 ✎（C）	切片选择工具 ✦（C）
污点修复画笔工具 ✐（J）	修复画笔工具 ✐（J）	修补工具 ❋（J）
内容感知移动工具 ✕（J）	红眼工具 +◉（J）	画笔工具 ✎（B）
铅笔工具 ✎（B）	颜色替换工具 ✦（B）	混合器画笔工具 ✦（B）
仿制图章工具 ▲（S）	图案图章工具 ※▲（S）	历史记录画笔工具 ✦（Y）
历史记录艺术画笔工具 ✦（Y）	橡皮擦工具 ✦（E）	背景橡皮擦工具 ✦（E）
魔术橡皮擦工具 ✦（E）	渐变工具 ▬（G）	油漆桶工具 ✦（G）
3D材质拖放工具 ✦（G）	模糊工具 ◇	锐化工具 △
涂抹工具 ✦	减淡工具 ✦（O）	加深工具 ✦（O）
海绵工具 ✦（O）	钢笔工具 ✎（P）	自由钢笔工具 ✦（P）
弯度钢笔工具 ✦（P）	添加锚点工具 ✦	删除锚点工具 ✦
转换点工具 ┞	横排文字工具 T（T）	直排文字工具 ↓T（T）
横排文字蒙版工具 �（T）	直排文字蒙版工具 ↓T（T）	路径选择工具 ▶（A）
直接选择工具 ▷（A）	矩形工具 ▢（U）	圆角矩形工具 ▢（U）
椭圆工具 ○（U）	多边形工具 ⬠（U）	直线工具 ╱（U）
自定形状工具 ✿（U）	抓手工具 ✋（H）	旋转视图工具 ✦（R）
缩放工具 🔍（Z）	默认前景色/背景色 ▣（D）	前景色/背景色互换 ⇆（X）
切换标准/快速蒙版模式 ▣（Q）	切换屏幕模式 ▭（F）	

文件菜单命令/（快捷键）	文件菜单命令/（快捷键）	文件菜单命令/（快捷键）
新建（Ctrl+N）	打开（Ctrl+O）	在 Bridge 中浏览（Alt+Ctrl+O）
打开为（Alt+Shift+Ctrl+O）	关闭（Ctrl+W）	关闭全部（Alt+Ctrl+W）
关闭并转到 Bridge（Shift+Ctrl+W）	存储（Ctrl+S）	存储为（Shift+Ctrl+S）
恢复（F12）	导出 | 导出为（Alt+Shift+Ctrl+W）	存储为 Web 所用格式（Alt+Shift+Ctrl+S）
文件简介（Alt+Shift+Ctrl+I）	打印（Ctrl+P）	打印一份（Alt+Shift+Ctrl+P）
退出（Ctrl+Q）		

编辑菜单命令/（快捷键）	编辑菜单命令/（快捷键）	编辑菜单命令/（快捷键）
还原/重做（Ctrl+Z）	前进一步/后退一步（Shift+Ctrl+Z / Alt+Ctrl+Z）	渐隐（Shift+Ctrl+F）
剪切（Ctrl+X）	拷贝（Ctrl+C）	合并拷贝（Shift+Ctrl+C）
粘贴（Ctrl+V）	选择性粘贴 | 原位粘贴（Shift+Ctrl+V）	选择性粘贴 | 贴入（Alt+Shift+Ctrl+V）
填充（Shift+F5）	内容识别比例（Alt+Shift+Ctrl+C）	自由变换（Ctrl+T）
变换 | 再次变换（Shift+Ctrl+T）	颜色设置（Shift+Ctrl+K）	键盘快捷键（Alt+Shift+Ctrl+K）
菜单（Alt+Shift+Ctrl+M）	首选项 | 常规（Ctrl+K）	

图像菜单命令/（快捷键）	图像菜单命令/（快捷键）	图像菜单命令/（快捷键）
调整 | 色阶（Ctrl+L）	调整 | 曲线（Ctrl+M）	调整 | 色相/饱和度（Ctrl+U）
调整 | 色彩平衡（Ctrl+B）	调整 | 黑白（Alt+Shift+Ctrl+B）	调整 | 反相（Ctrl+I）
调整 | 去色（Shift+Ctrl+U）	自动色调（Shift+Ctrl+L）	自动对比度（Alt+Shift+Ctrl+L）
自动颜色（Shift+Ctrl+B）	图像大小（Alt+Ctrl+I）	画布大小（Alt+Ctrl+C）

图层菜单命令/（快捷键）	图层菜单命令/（快捷键）	图层菜单命令（快捷键）
新建 | 图层（Shift+Ctrl+N）	新建 | 通过拷贝的图层（Ctrl+J）	新建 | 通过剪切的图层（Shift+Ctrl+J）
快速导出为PNG（Shift+Ctrl+'）	导出为（Alt+Shift+Ctrl+'）	创建剪贴蒙版（Alt+Ctrl+G）
图层编组（Ctrl+G）	取消图层编组（Shift+Ctrl+G）	隐藏图层（Ctrl+,）
锁定图层（Ctrl+/）	合并图层（Ctrl+E）	合并可见图层（Shift+Ctrl+E）

选择菜单命令/（快捷键）	选择菜单命令/（快捷键）	选择菜单命令/（快捷键）
全部（Ctrl+A）	取消选择（Ctrl+D）	重新选择（Shift+Ctrl+D）
反选（Shift+Ctrl+I）	所有图层（Alt+Ctrl+A）	查找图层（Alt+Shift+Ctrl+F）
调整边缘（Alt+Ctrl+R）	修改 | 羽化（Shift+F6）	

滤镜菜单命令/（快捷键）	滤镜菜单命令/（快捷键）	滤镜菜单命令/（快捷键）
上次滤镜操作（Alt+Ctrl+F）	自适应广角（Alt+Shift+Ctrl+A）	Camera Raw滤镜（Shift+Ctrl+A）
镜头校正（Shift+Ctrl+R）	液化（Shift+Ctrl+X）	消失点（Alt+Ctrl+V）

3D菜单命令/（快捷键）	3D菜单命令/（快捷键）	3D菜单命令/（快捷键）
显示/隐藏多边形 | 选区内（Alt+Ctrl+X）	显示/隐藏多边形 | 显示全部（Alt+Shift+Ctrl+X）	渲染（Alt+Shift+Ctrl+R）

视图菜单命令/（快捷键）	视图菜单命令/（快捷键）	视图菜单命令/（快捷键）
校样颜色（Ctrl+Y）	色域警告（Shift+Ctrl+Y）	放大（Ctrl++）
缩小（Ctrl+−）	按屏幕大小缩放（Ctrl+0）	100%（Ctrl+1）
显示额外内容（Ctrl+H）	显示 | 目标路径（Shift+Ctrl+H）	显示 | 网格（Ctrl+'）
显示 | 参考线（Ctrl+;）	标尺（Ctrl+R）	对齐（Shift+Ctrl+;）
锁定参考线（Alt+Ctrl+;）		

帮助菜单命令/（快捷键）	帮助菜单命令/（快捷键）	帮助菜单命令/（快捷键）
Photoshop联机帮助（F1）		

面板/（快捷键）	面板/（快捷键）	面板/（快捷键）
动作（Alt+F9）	画笔（F5）	图层（F7）
信息（F8）	颜色（F6）	

附录 B 印刷基本常识

印刷的种类

印刷的种类	
凸版印刷	凸版印刷是把油墨涂在凸起的印刷图文上，然后通过压力，将油墨印在纸张和其他的承印物上。凸版印刷的机器有压盘型、平台型和滚筒型。凸版印刷组版灵活，方便校版，小批量印刷时成本较低，但不适合印刷幅面较大的印刷品
平版印刷	平版印刷也称为胶印，它是利用油墨与水的排斥原理进行印刷的，平版印刷表面的文字图像并不凸起，它是在有文字和图像的地方吸附油墨排斥水，在空白区域吸附水排斥油墨，在印刷时，印版的两个滚筒相接触，一个上水，另一个则上油墨。平版印刷在拼版和制版上比较灵活，适合印刷大幅面的海报、地图和包装材料，是使用最广泛的印刷工艺
凹版印刷	凹版印刷是通过线条图文在印版版面凹陷的深浅和宽窄程度来体现画面层次的，图文凹陷越深，填入的油墨越多，印刷出的色调也就越浓，而凸版和平版印刷，则是通过网点面积的大小和网线的粗细来体现画面的
孔版印刷	孔版印刷是印版图文可透过油墨漏印至承印物的印刷方法，它包括丝网印刷、打字蜡版印刷、镂空版喷刷和誊写版印刷等

印版

印版是用于传递油墨至印刷承印物的载体，印版上吸附油墨的部分为印刷部分，不吸附油墨的部分为非印刷部分，印版主要有凸版、平版、凹版和孔版。

印版	
凸版	图文部分明显高于空白部分的印版为凸版，它包括活字版、铅版、铜锌版和树脂版等
平版	图文部分与空白部分几乎处于同一平面的印版为平版，它包括锌版、铝版（PS版）等
凹版	图文部分明显低于空白部分的印版为凹版，它包括铜版、钢板等
孔版	孔版的图文由大小不同的孔洞，或大小相同但数量不等的网眼组成，并且可透过油墨，它包括镂空版、喷花版、丝网印刷版和誊写版等

印后加工

印后加工是指在印刷后进行的加工工艺，包括装订、表面加工和包装加工。

印后加工	
装订	装订主要有平装、线装和精装等形式，平装的工艺简单，成本较低；线装做工精细，具有民族风格，适合古籍类的书籍；精装制作精美，封面和封底采用皮革、漆布和丝织品，成本较高
表面加工	常见的印刷品表面加工，有上光、上蜡、压箔、覆膜、烫金和压凸等，表面加工可增加印刷品表面的光泽，提高印刷品耐水、耐折、耐磨等性能，在保护印刷品的同时可提高档次
包装加工	包装加工可保护商品，方便使用，它包括商品的外包装盒、包装箱和纸容器等，多采用复合材料制成，例如玻璃纸、尼龙、铝箔等薄膜物质

印刷用纸张的种类和用途

常用的印刷用纸包括新闻纸、胶版纸、铜版纸、凸版纸、字典纸、白卡纸、书皮纸等。

印刷用纸张的种类和用途	
新闻纸	新闻纸也叫白报纸，主要用于报纸和一些质量要求较低的期刊和书籍，新闻纸的纸质松软，具有良好的吸墨性
胶版纸	胶版纸主要用来印制较为高级的彩色印刷品，如彩色画报、画册、商标和宣传画等。胶版纸的伸缩性小，吸墨均匀，平滑度好，抗水性能较强。胶版纸有单面和双面之分，还有超级压光和普通压光两个等级
铜版纸	铜版纸又称印刷涂料纸，它是在原纸的表面涂布一层白色的浆料，经压光制成的高级印刷用纸。铜版纸具有较好的弹性和较强的抗水性，纸张表面光洁、纸质纤维分布均匀，主要用于印刷精致的画册、彩色商标、明信片和产品样本等。铜版纸有单面铜和双面铜之分
凸版纸	凸版纸主要用于印刷书刊、课本和表册
字典纸	字典纸是一种高级的薄型凸版印刷纸，主要用于印刷字典、工具书和袖珍手册等
白卡纸	白卡纸的伸缩性较小，折叠时不易断裂，主要用于印刷名片、请柬和包装盒等
书皮纸	书皮纸是作为封皮的用纸，常用来印刷书籍和杂志的封面

不同纸张的重量和规格

纸张按照重量可划分为两类，250g/m² 以下的称为纸，250g/m² 以上的称为纸板。纸张的规格包括形式、尺寸和定量3个方面，其中形式主要是指平版纸和卷筒纸；尺寸分为两种，平版纸的尺寸是指纸张的长度和宽度，而卷筒纸的尺寸则是指纸张的幅宽；定量指的是单位面积的重量，一般以每平方米纸张的重量为多少克来表示，例如60g胶版纸表示这种纸每平方米的重量为60g，克数越大，纸张越厚。

种类	质量	平版纸规格／(mm×mm)	卷筒纸规格／mm
新闻纸	（49～52）± 2g/m²	787×1092、850×1168、880×1230	宽度：787、1092、1575 长度：6000～8000m
胶版纸	50、60、70、80、90、100、120、150、180g/m²	787×1092、850×1168、880×1230	宽度：787、1092、850
铜版纸	70、80、100、105、115、120、128、150、157、180、200、210、240、250g/m²	648×953、787×970、787×1092、889×1194	
凸版纸	（49～60）± 2g/m²	787×1092、850×1168、880×1230	宽度：787、1092、1575 长度：6000～8000m
字典纸	25～40g/m²	787×1092	
白卡纸	220、240、250、280、300、350、400 g/m²	787×787、787×1092、1092×1092	
书皮纸	80、100、120 g/m²	690×960、787×1092	

印刷油墨的分类

印刷油墨按照不同的印刷工艺和干燥方式等有着不同的分类，按照印刷工艺可分为凸版油墨、平版油墨、凹版油墨和孔版油墨；按照干燥方式，可分为渗透干燥油墨、挥发干燥油墨、氧化结膜油墨和热固型油墨等；按照承印物可分为印报油墨、书刊油墨、包装招贴油墨和玻璃陶瓷印刷油墨等；按照色泽可分为荧光油墨、显影油墨和金属粉印刷油墨等。

附录C VI视觉识别系统手册主要内容

应用设计系统	
事物用品类	名片、信纸、信封、便笺、文件袋、资料袋、薪金袋、卷宗袋、报价单、各类商业表格和单据、各类证卡、年历、月历、日历、工商日记、奖状、奖牌、茶具、办公用品等
包装产品类	包装箱、包装盒、包装纸（单色、双色、特别色）、包装袋、专用包装（指特定的礼品、活动宣传用的包装）、容器包装、手提袋、封口胶带、包装贴纸、包装用绳、产品吊牌、产品铭牌等
环境、标识类	室内外标识（室内外直式招牌、立地招牌、大楼屋顶招牌、楼层招牌、悬挂式招牌、柜台后招牌、路牌等）、室内外指示标识（表示禁止的指示、公共环境指示、机构、部门标示牌等）、主要建筑物外观风格、建筑内部空间装饰风格、大门入口设计风格、室内形象墙、环境色彩标志
运输工具类	营业用工具（服务用轿车、客货两用车、吉普车、展销车、移动店铺、汽船等）、运输用工具（大巴、中巴、大小型货车、厢式货柜车、平板车、工具车、货运船、客运船、游艇、飞机等）、作业用工具（起重机车、升降机、推土车、清扫车、垃圾车、消防车、救护车、电视转播车等）、车身装饰设计
广告、公关类	报纸杂志广告、招贴、电视广告、年度报告、报表、企业出版物、直邮DM广告、POP促销广告、通知单、征订单、明信片等
店铺类	店铺平面图、立体图、施工图、材料规划、空间区域色彩风格、功能设备规划（水电、照明等）、环境设施规划（柜台、桌椅、盆栽、垃圾桶、烟灰缸等环境风格）
制服类	工作服、制服、徽章、名牌、领带、领带夹、领巾、皮带、衣扣、安全帽、工作帽、毛巾、雨具等
产品类	企业相关产品
展览展示类	展示会场设计、橱窗设计、展示台、商品展示架、展板造型、展示参观指示、舞台设计、照明规划等

基础设计系统	
标志	包括企业自身的标志和商品标志
企业、组织机构的名称	相关企业、组织机构的名称
标准字	包括企业名称、产品和商标名称的标准字
标准色	对标准色的使用应做出数值化的规范设定，如印刷色数值等
辅助图形	包括企业造型、象征图案和版面编排3个设计方面
象征造型	配合企业标志、标准字体用的辅助图形，如色带、图案、吉祥物等
宣传标语、口号	相关宣传标语、口号

附录 D 复习题答案

第1章

1. 位图由像素组成，可以精确地表现颜色的细微过渡，也容易在各种软件之间交换。存储空间较大。受到分辨率的制约，进行缩放时图像的清晰度会下降。主要用于 Web、数码照片、扫描的图像。矢量图由数学对象定义的直线和曲线构成，占的存储空间小，与分辨率无关，任意旋转和缩放图形都会保持清晰、光滑。对于将在各种输出媒体中按照不同大小使用的图稿，例如徽标和图标等，矢量图形是最佳选择。

2. RGB 模式、CMYK 模式。

3. PSD 格式。

第2章

1. 缩放工具 🔍 适合逐级放大或缩小窗口的显示比例。当图像尺寸较大，或者由于放大窗口的显示比例，而不能显示全部图像时，可以使用抓手工具 ✋ 移动画面，如果要快速定位图像的显示区域，则可以通过"导航器"面板来操作。

2. 单击"色板"面板右上角的 ≡ 按钮，打开面板菜单，选择菜单中的 PANTONE 颜色库即可。

3. 单个图层、多个图层、图层蒙版、选区、路径、矢量形状、矢量蒙版和 Alpha 通道，都可以进行变换和变形处理。

第3章

1. 图层承载了图像，如果没有图层，所有的图像将位于同一平面上，想要处理任何一部分图像内容，都必须先将它选择出来。此外，图层样式、混合模式、蒙版、滤镜、文字、3D 和调色命令等，都依托于图层而存在。

2. 在"图层"面板中，混合模式用于控制当前图层中的像素与它下面图层中的像素如何混合；在绘画和修饰工具的工具选项栏，以及"渐隐""填充""描边"命令和"图层样式"对话框中，混合模式只将所添加的内容与当前操作的图层混合，而不会影响其他图层；在"应用图像"和"计算"命令中，混合模式用来混合通道。

3. 矢量蒙版通过路径和矢量形状控制图像的显示区域，与分辨率无关；剪贴蒙版用一个图层中包含像素的区域，来限制它上层图像的显示范围，可通过一个图层来控制多个图层的可见内容；图层蒙版通过蒙版（灰度图像）控制图像的显示范围，还可以控制颜色调整范围和滤镜的有效范围。

4. 混合颜色带既可以隐藏当前图层中的图像，也可以让下面层中的图像穿透当前层显示出来，或者同时隐藏当前图层和下面层中的部分图像。

第4章

1. 选区分为两种，一种是普通选区，一种是羽化过的选区。

2. 保存选区、色彩信息和图像信息。

3. 单击"通道"面板底部的"将选区存储为通道"按钮 ▣ 。

第5章

1. 增加对比度时，将"输入色阶"选项组中的阴影滑块和高光滑块向中间移动；降低对比度时，将"输出色阶"选项组中的两个滑块向中间移动。

2. 曲线左下角的"阴影"控制点相当于"色阶"的阴影滑块；右上角的"高光"控制点相当于"色阶"中的高光滑块；在曲线的中央（1/2 处）添加的控制点，相当于"色阶"的中间调滑块。

3. 山峰整体向右偏移，说明照片曝光过度；山峰紧贴直方图右端，说明高光溢出。

第6章

1. 不能。因为 Photoshop 无法生成新的原始数据。

2. 降噪是通过模糊杂点实现的。锐化是通过提高图像中两种相邻颜色（或灰度层次）交界处的对比度实现的。

3. 抠汽车适合使用钢笔工具；抠毛发适合使用"选择并遮住"命令和通道；抠玻璃杯适合使用通道。

第7章

1. 滤镜是通过改变像素的位置或颜色来生成特效的。

2. 可以先执行"图像"|"模式"|"RGB 颜色"命令，将图像转换为 RGB 模式，应用滤镜，之后再转换为 CMYK 模式（"图像"|"模式"|"CMYK 颜色"命令）。

3. 智能滤镜应用于智能对象，智能滤镜可以随时修改参数、设置不透明度和混合模式。智能滤镜包含图层蒙版，删除智能滤镜不会破坏原始图像。

第8章

1. 全局光可以让"投影""内阴影""斜面和浮雕"效果使用相同角度的光源。

2. 使用"图层"|"图层样式"|"缩放效果"命令进

行调整。

第9章

1. 在未栅格化以前。

2. 字距微调 用来调整两个字符之间的间距；字距调整 用来调整当前选取的所有字符的间距。

3. 移动方向点，可以改变方向线的长度和方向，从而改变曲线的形状。

第10章

1. 执行"文件"|"新建"命令，打开"新建文档"对话框，在"胶片和视频"选项卡中选择一个预设的文件，之后单击"创建"按钮，可基于预设创建一个视频文件。

2. 执行"文件"|"导出"|"渲染视频"命令，可以将视频导出为 QuickTime 影片。

第11章

1. Photoshop 不能编辑3D 模型本身的多边形网格，应该使用 3D 程序来编辑。

2. 在文档窗口中选择灯光，在"属性"面板中勾选"阴影"选项，即可创建阴影，拖动"柔和度"滑块，可以模糊阴影边界。

3. 执行"文件"|"存储"命令，选择 PSD、PDF 或 TIFF 作为保存格式。

附录 E 常见问题及解答

问题	解答
从事设计工作，用 PC 好还是用 Mac 好？	PC 的优势是价格低，软件丰富，适合家庭和个人使用。Mac（苹果机）运行稳定，色彩还原准确，更接近于印刷色，大的广告和设计公司都用 Mac，不过就是价格有点高。在软件的操作上，PC 和 Mac 没有太大差别，只是按键的标识有些不同而已
数码摄影后期应重点关注哪些 Photoshop 功能？	Photoshop 体系庞大，如果只用它做照片后期，有些功能是可以舍弃的。可重点关注色彩部分，即"图像"|"调整"菜单中的命令、调整图层、直方图，通道、图层蒙版、抠图等也必须掌握。此外，最好花些工夫研究一下 Camera Raw，它能解决照片的多数问题
从事影楼修图工作，给人像照片磨皮，既烦琐也很枯燥，有没有好方法？	办法有两个，一是用 Photoshop 动作将磨皮过程录制下来，然后就可以用这个动作对其他照片进行自动磨皮（如果照片数量多，可以用批处理）。另外一个方法是用磨皮插件，如 Kodak、Neat Image、Imagenomic-Noiseware-Professional 等，它们可以让磨皮变得非常简单
一个网店店主，想给商品换漂亮的背景，感觉抠图挺难的，怎么办？	如果短期内无法掌握抠图技术，可以先用抠图插件过渡一下，像"抽出"滤镜、Knockout、Mask Pro 等都挺不错的，操作方法简单，效果也很棒。但如果要对图像做更加精细的处理，如制作成服装杂志封面等，还是得用 Photoshop 的路径、通道等来抠图
为什么"滤镜"菜单里的滤镜数量变少了？	执行"编辑"|"首选项"|"增效工具"命令，打开对话框，勾选"显示滤镜库的所有组和名称"复选项，即可显示所有的滤镜
想在图层蒙版上绘画，为什么总是绘制到图像上？	可能是无意间单击了图像缩览图，使得编辑状态从蒙版转移到了图像上。只要单击一下"图层"面板中的蒙版缩览图就行了
安装了外挂滤镜，可在"滤镜"菜单里怎么也找不到？	安装位置有误。正确的位置应该是在"Adobe Photoshop CC 2015"安装程序文件夹的"Plug-ins"文件夹内
工具箱、面板被挪得乱七八糟，怎样恢复到默认位置？	执行"窗口"|"工作区"|"基本功能（默认）"命令，再执行"窗口"|"工作区"|"复位"命令即可

附录 F 推荐阅读

书名：《Photoshop CC 从新手到高手》
作者：李金蓉
313 个随书高清视频教学文件，87 个赠送视频教学文件，600 个素材库文件。

淘宝美工　平面广告　照片处理　网页设计

插画设计　商业摄影　UI 设计　APP 设计

● 随书视频教学文件扫码即可观看

● 零基础 Photoshop 必备用书

● Photoshop 完全自学教程

● Photoshop 初学者从入门到精通必备

● 涵盖 Photoshop 各项功能和应用技巧

书名：《突破平面 Illustrator CC 设计与制作深度剖析》
作者：李金蓉
92 个视频教学，84 个实例，超受欢迎的 Illustrator 自学宝典。

书名：《Illustrator CC 高手成长之路》
作者：李金蓉
172 个典型实例、75 个视频教学录像，引导你从新手迅速成长为设计高手。案例涵盖插画、平面广告、字体设计、包装、海报、产品造型、工业设计、UI、VI、动漫、动画等。

书名：《广告设计与实战》
作者：李金明
介绍了广告的历史沿革，广告设计的思想演进，分析、探讨了广告创意理论和创意方法，并从广告图形、色彩、版面编排与构成设计，以及广告媒体的选择和传播效果评价方法等方面入手，总结和归纳出广告的创意精髓、制作和表现技巧，阐述了广告设计与传播的基本原理和实践经验。